全国高等职业教育机电类专业"十二五"规划教材

组态技术应用教程

谢 军 单启兵 主 编

赵晓莹 副主编

程 周 主 审

中国铁道出版社有限公司
CHINA RAILWAY PUBLISHING HOUSE CO., LTD.

内 容 简 介

本书主要介绍了工控组态软件——MCGS 在各种典型控制系统中的具体应用。首先介绍了 MCGS 组态软件的安装过程和运行方式，并对 MCGS 软件系统的构成和各个组成部分的功能进行简要的说明，以便学生对 MCGS 系统的组态过程有一个全面的了解和认识；其次通过几个典型的控制系统来学习 MCGS，具体介绍了从工程的建立、数据对象的定义、工程画面的编辑、动画连接、模拟仿真运行到和 PLC 通信连接的操作；通过实例，详细地展示了各种应用的设计、实施步骤与应用技巧；最后给出了 5 个实训任务，供学生进行课后训练。

本书适合作为高职院校自动化、机电、电子等专业的教材，各专业可根据本专业的特点选做其中的项目。本书还可作为相关专业工程技术人员的培训教材和参考用书。

图书在版编目（CIP）数据

组态技术应用教程 / 谢军，单启兵主编. — 北京：
中国铁道出版社，2012.7（2019.8重印）
全国高等职业教育机电类专业"十二五"规划教材
ISBN 978-7-113-14706-8

Ⅰ . ①组… Ⅱ . ①谢… ②单… Ⅲ . ①软件开发－高等职业教育－教材 Ⅳ . ①TP311.52

中国版本图书馆 CIP 数据核字（2012）第 102942 号

书　　名：组态技术应用教程
作　　者：谢军　单启兵　主编

策　　划：严晓舟
责任编辑：祁　云
编辑助理：绳　超
封面设计：刘　颖
责任印制：郭向伟

出版发行：中国铁道出版社有限公司（100054，北京市西城区右安门西街 8 号）
网　　址：http://www.tdpress.com/51eds/
印　　刷：三河市航远印刷有限公司
版　　次：2012 年 7 月第 1 版　　2019 年 8 月第 7 次印刷
开　　本：787mm×1 092mm　1/16　印张：10　字数：237 千
印　　数：10 001～11 000 册
书　　号：ISBN 978-7-113-14706-8
定　　价：25.00 元

随着信息社会的到来，组态技术作为自动化技术中极其重要的一个部分正突飞猛进地发展着。特别是近几年，组态新技术、新产品层出不穷，组态技术、触摸屏和 PLC 结合起来的应用形式已占据了主导地位。在组态技术快速发展的今天，作为从事自动化相关行业的技术人员，了解和掌握组态技术是必要的。

随着计算机信息技术和网络技术的飞速发展，为工业自动化开辟了广阔的发展空间。现代企业广泛使用的新技术、新工艺、新知识、新设备显然对从事维修工作高技能型人才的要求无论是从知识结构，还是从技术技能结构上都发生了变化。传统的企业培养经验型技师的模式已无法适应知识经济的需要，而传统的培养模式培养的学生也无法适应紧缺的、新技术技能含量较高的电气工作岗位的要求。

工业控制是计算机的一个重要应用领域，计算机控制正是为了适应这一领域的需要而发展起来的一门专业技术，利用计算机软件对工业生产过程进行控制是一个全新的控制方法，因此作为自动化控制技术的重要组成部分——组态技术，也是技师型人才所必须掌握的基本要素。

本书以北京昆仑通态自动化软件科技有限公司的 MCGS 组态软件通用版为例，通过几个典型控制系统，详细地介绍了使用 MCGS 组态软件进行组态设计和调试的方法。不仅可以提高学生的学习兴趣和积极性，使学生真正掌握控制系统的组成、工作原理和调试方法，同时还可以增加学生的工程经验，为学生尽快适应工作岗位奠定了坚实的基础。

本书是由参加编写的老师根据多年的实验、实训项目开发经验总结编撰而成的。全书共分为 7 章：第 1 章介绍了 MCGS 组态软件系统的构成、运行方式以及 MCGS 的安装过程和工作环境，并逐步说明了如何在 MCGS 组态环境下构造一个用户应用系统。第 2 章以抢答器控制系统为例，介绍了抢答器的硬件电路设计、组态软件设计、模拟仿真调试以及 MCGS 组态软件和三菱 FX2N 系列 PLC 的通信调试。第 3、4 章分别对液体混合搅拌控制系统和交通灯控制系统的硬件电路设计、组态软件应用程序的开发过程、与欧姆龙 CPM2AH 系列 PLC 的通信连接等做了详细说明。第 5、6 章分别对 MCGS、触摸屏、西门子 S7-200PLC 组成的自动线供料单元和分拣单元的硬件设计与软件编程进行了详细叙述，并介绍了模拟量的比例换算问题以及变频器的简单调试。

本书由安徽职业技术学院的谢军和安徽水利水电职业技术学院的单启兵担任主编。安徽机电职业技术学院的赵晓莹担任副主编。具体编写分工为：第 1、3 章、第 7 章由谢军编写，第 5、6 章由单启兵编写，第 2、4 章由赵晓莹编写。本书由谢军统稿定稿，由安徽职业技术学院的程周主审。在编写过程中，得到了武昌俊、曹光华、余丙荣、韩磊、汤德荣、崔伟、钟俊、朱文武、张莉、白金、邹兆喜、杨莉等人的大力协助，在此表示衷心的感谢。

由于时间仓促，编者水平有限，错误和疏漏之处在所难免，恳请广大读者提出宝贵意见和建议。

编　者

2012 年 3 月

第1章　MCGS 软件介绍

学习目标

- 了解 MCGS 软件系统的构成和运行方式。
- 了解 MCGS 软件操作平台的 5 个窗口。
- 能在 MCGS 组态环境下构建用户应用系统。

1.1　MCGS 软件入门

本章主要对 MCGS 软件系统的构成、运行方式以及 MCGS 工作环境的搭建进行简要介绍，同时逐步说明了如何在 MCGS 组态环境下构造一个用户应用系统。

1.1.1　MCGS 软件简介

MCGS（Monitor and Control Generated System，通用监控系统）是一套用于快速构造和生成计算机监控系统的组态软件。它能够在基于 Microsoft 的各种 32 位 Windows 平台上运行。通过对现场数据的采集处理，以动画显示、报警处理、流程控制、实时曲线、历史曲线和报表输出等多种方式向用户提供解决实际工程问题的方案。它具有操作简便、可视性好、可维护性强、高性能、高可靠性等突出特点，广泛应用于石油化工、钢铁行业、电力系统、水处理、环境监测、机械制造、交通运输、能源原材料、农业自动化、航空航天等领域。

1.1.2　MCGS 软件的安装

MCGS 组态软件是专为标准 Microsoft Windows 系统设计的 32 位应用软件，可以运行于 Windows 95、98、NT4.0、2000 或以上版本的 32 位操作系统中，其模拟环境也同样运行在 Windows 95、98、NT4.0、2000 或以上版本的 32 位操作系统中。推荐使用中文 Windows NT4.0、2000 或以上版本的操作系统。

MCGS 组态软件只有一张安装光盘，具体安装步骤如下：

（1）启动 Windows。

（2）在相应的驱动器中插入光盘。

（3）插入光盘后会自动弹出 MCGS 组态软件安装界面（如没有窗口弹出，单击 Windows 的"开始"菜单，选择"运行"命令，运行光盘中的 Autorun.exe 文件），如图 1-1 所示。

图 1-1　MCGS 安装程序窗口

（4）选择"安装 MCGS 组态软件-通用版"，启动安装程序开始安装。

（5）随后，安装程序将提示指定安装的目录，如果用户没有指定，系统默认安装到 D:\MCGS 目录下，建议使用默认安装目录，如图 1-2 所示。

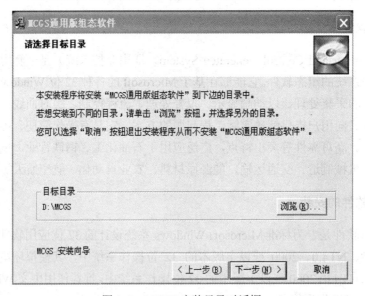

图 1-2　MCGS 安装目录对话框

（6）安装过程将持续数分钟。

（7）安装过程完成后，将弹出"安装完成"对话框，上面有两种选择，单击"确定"按钮重新启动计算机单击"取消"按钮返回系统。建议重新启动计算机后再运行组态软件，如图 1-3 所示。

（8）安装完成后，Windows 操作系统的桌面上添加了图 1-4 所示的两个图标，分别用于启动 MCGS 组态环境和运行环境。

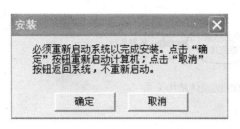

图 1-3　MCGS 安装完成对话框

图 1-4　MCGS 图标

（9）同时，Windows 在开始菜单中也添加了相应的 MCGS 组态软件程序组，此程序组包括 5 个选项：MCGS 组态环境、MCGS 运行环境、MCGS 自述文件、MCGS 电子文档以及卸载 MCGS 组态软件。MCGS 组态环境和运行环境为软件的主体程序，MCGS 自述文件描述了软件发行时的最后信息。MCGS 电子文档则包含了有关 MCGS 最新的帮助信息，如图 1-5 所示。

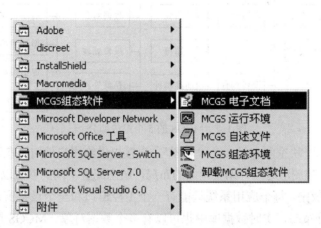

图 1-5　MCGS 程序开始菜单

1.1.3　MCGS 软件的系统构成

1. MCGS 组态软件的整体结构

MCGS 系统包括：组态环境和运行环境两个部分。组态环境相当于一套完整的工具软件，帮助用户设计和构造自己的应用系统。用户组态生成的结果是一个数据库文件，称为组态结果数据库。运行环境是一个独立的运行系统，它按照组态结构数据库中用户指定的方式进行各种处理，完成用户组态设计的目标和功能。运行环境本身没有任何意义，必须与组态结果数据库一起作为一个整体，才能构成用户应用系统。一旦组态工作完成，运行环境和组态结果数据库就可以离开组态环境而独立运行在监控计算机上。

组态结果数据库完成了 MCGS 系统从组态环境向运行环境的过渡，它们之间的关系如图 1-6 所示。

图 1-6　MCGS 的整体结构关系

2. MCGS 组态软件的 5 个组成部分

由 MCGS 生成的用户应用系统，其结构由主控窗口、设备窗口、用户窗口、实时数据库和运行策略 5 个部分构成，如图 1-7 所示。

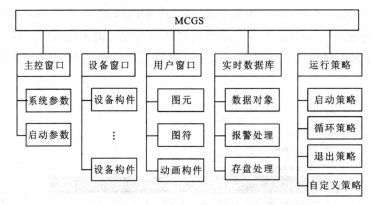

图 1-7　MCGS 的 5 个组成部分

窗口是屏幕中的一块空间，是一个"容器"，直接提供给用户使用。在窗口内，用户可以放置不同的构件，创建图形对象并调整画面的布局，组态配置不同的参数以完成不同的功能。

在 MCGS 通用版中，每个应用系统只能有一个主控窗口和一个设备窗口，但可以有多个用户窗口和多个运行策略，实时数据库中也可以有多个数据对象。MCGS 用主控窗口、设备窗口和用户窗口来构成一个应用系统的人机交互图形界面，组态配置各种不同类型和功能的对象或构件，同时可以对实时数据进行可视化处理。

（1）实时数据库是 MCGS 系统的核心。实时数据库是工程各个部分的数据交换与处理中心，它将 MCGS 工程的各个部分连接成有机的整体。在本窗口内定义不同类型和名称的变量，作为数据采集、处理、输出控制、动画连接及设备驱动的对象。

（2）主控窗口构造了应用系统的主框架。主控窗口确定了工业控制中工程作业的总体轮廓，以及运行流程、特性参数和启动特性等内容，是应用系统的主框架。

（3）设备窗口是 MCGS 系统与外部设备联系的媒介。设备窗口是连接和驱动外部设备的工作环境。在本窗口内配置数据采集与控制输出设备，注册设备驱动程序，定义连接与驱动设备用的数据变量。

（4）用户窗口实现了数据和流程的"可视化"。用户窗口主要用于设置工程中人机交互的界面，例如：生成各种动画显示画面、报警输出、数据与曲线图表等。

（5）运行策略是对系统运行流程实现有效控制的手段。本窗口主要完成工程运行流程的控制。包括编写控制程序（if...then 脚本程序），选用各种功能构件，例如：数据提取、历史曲线、定时器、配方操作、多媒体输出等。

1.1.4　MCGS 软件的运行方式

MCGS 系统分为组态环境和运行环境两个部分。文件 McgsSet.exe 对应于 MCGS 系统的组态环境，文件 McgsRun.exe 对应于 MCGS 系统的运行环境。此外，系统还提供了几个组态完好的样例工程文件，用于演示系统的基本功能。

MCGS 系统安装完成后，在用户指定的目录（或系统默认目录 D:\MCGS）下创建有 3 个子目录：Program、Samples 和 Work。组态环境和运行环境对应的两个执行文件以及 MCGS 中用到的设备驱动、动画构件及策略构件存放在子目录 Program 中，样例工程文件存放在 Samples 目录下，Work 子目录则是用户的默认工作目录。

分别运行可执行程序 McgsSet.exe 和 McgsRun.exe，就能进入 MCGS 的组态环境和运行环境。安装完毕后，运行环境能自动加载并运行样例工程。用户可根据需要创建和运行自己的新工程。

1.2　MCGS 组态过程

使用 MCGS 完成一个实际的应用系统，首先必须在 MCGS 的组态环境下进行系统的组态生成工作，然后将系统放在 MCGS 的运行环境下运行。

1.2.1　工程的建立

MCGS 中用"工程"来表示组态生成的应用系统，创建一个新工程就是创建一个新的用户应用系统，打开工程就是打开一个已经存在的应用系统。工程文件的命名规则和 Windows 系统相同，MCGS 自动给工程文件名加上扩展名".MCG"。每个工程都对应一个组态结果数据库文件。

在 Windows 系统桌面上，通过以下 3 种方式中的任何一种，都可以进入 MCGS 组态环境：

（1）鼠标双击 Windows 桌面上的"MCGS 组态环境"图标。

（2）单击"开始"按钮，选择"程序"选项，选择"MCGS 组态软件"选项，选择"MCGS 组态环境"命令。

（3）按【Ctrl + Alt + G】组合键。

进入 MCGS 组态环境后，单击工具条上的"新建"按钮，或单击"文件"菜单，选择"新建工程"命令，系统自动创建一个名为"新建工程 X.MCG"的新工程（X 为数字，表示建立新工程的顺序，如 1、2、3 等）。由于尚未进行组态操作，新工程只是一个"空壳"，一个包含 5 个基本组成部分的结构框架，接下来要逐步在框架中配置不同的功能部件，构造完成特定任务的应用系统。

如图 1-8 所示，MCGS 用"工作台"窗口来管理构成用户应用系统的 5 个部分，工作台上的 5 个标签：主控窗口、设备窗口、用户窗口、实时数据库和运行策略，对应于 5 个不同的选项卡，每一个选项卡负责管理用户应用系统的 1 个部分，单击不同的标签可切换到不同选项卡，对应用系统的相应部分进行组态操作。

在保存新工程时，可以随意更换工程文件的名称。默认情况下，所有的工程文件都存放在 MCGS 安装目录下的 Work 子目录里，用户也可以根据自身需要指定存放工程文件的目录。

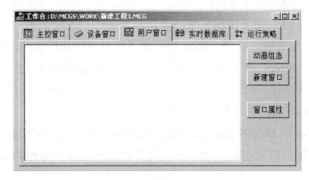

图 1-8　MCGS 工作台窗口

1.2.2　建立实时数据库

实时数据库是 MCGS 通用版系统的核心，也是应用系统的数据处理中心，系统各部分均以实时数据库为数据公用区，进行数据交换、数据处理和实现数据的可视化处理。

1. 定义数据对象

数据对象是实时数据库的基本单元。在 MCGS 生成应用系统时，应对实际工程问题进行简化和抽象化处理，将代表工程特征的所有物理量，作为系统参数加以定义，定义中不只包含了数值类型，还包括参数的属性及其操作方法。这种把数值、属性和方法定义成一体的数据就称为数据对象。构造实时数据库的过程，就是定义数据对象的过程。在实际组态过程中，一般无法一次全部定义所需的数据对象，而是根据情况需要逐步增加。

MCGS 中定义的数据对象的作用域是全局的，像通常意义的全局变量一样，数据对象的各个属性在整个运行过程中都保持有效，系统中的其他部分都能对实时数据库中的数据对象进行操作处理。

2. 数据对象属性设置

MCGS 把数据对象的属性封装在对象内部，作为一个整体，由实时数据库统一管理。对象的属性包括基本属性、存盘属性和报警属性。基本属性则包含对象的名称、类型、初值、界限（最大、最小）值、工程单位和对象内容注释等项内容。

（1）基本属性设置。单击"对象属性"按钮或双击"对象名"，切换到"数据对象属性设置"对话框的"基本属性"选项卡，用户按所列项目分别设置。数据对象有开关型、数值型、字符型、事件型、组对象 5 种类型，在实际应用中，数字量的输入、输出对应于开关型数据对象；模拟量的输入/输出对应于数值型数据对象；字符型数据对象是记录文字信息的字符串；事件型数据对象用来表示某种特定事件的产生及相应时刻，如报警事件、开关量状态跳变事件；组对象用来表示一组特定数据对象的集合，以便于系统对该组数据统一处理。

（2）存盘属性设置。MCGS 把数据的存盘处理作为一种属性或者一种操作方法，封装在数据内部，作为整体处理。运行过程中，实时数据库自动完成数据存盘工作，用户不必考虑这些数据如何存储以及存储在什么位置。用户的存盘要求在"存盘属性"选项卡中设置，存盘方式有两种：按数值变化量存盘和定时存盘。组对象以定时的方式来保存相关的一组数据，而非组对象则按变化量来记录对象值的变化情况。

（3）报警属性设置。在 MCGS 中，报警被作为数据对象的属性，封装在数据对象内部，由实时数据库统一处理，用户只需按照"报警属性"选项卡中所列的项目正确设置，如数值量的报警界限值、开关量的报警状态等。运行时，由实时数据库自动判断有没有报警信息产生、什么时候产生、什么时候结束、什么时候应答，并通知系统的其他部分。也可根据用户的需要，实时存储和打印这些报警信息。

1.2.3　组态用户窗口

MCGS 以窗口为单位来组建应用系统的图形界面，创建用户窗口后，通过放置各种类型的图形对象，定义相应的属性，为用户提供漂亮、生动、具有多种风格和类型的动画画面。

1. 图形界面的生成

用户窗口本身是一个"容器"，用来放置各种图形对象（图元、图符和动画构件），不同的图形对象对应不同的功能。通过对用户窗口内多个图形对象的组态，生成漂亮的图形界面，为实现动画显示效果做准备。

生成图形界面的基本操作步骤：

（1）创建用户窗口。

（2）设置用户窗口属性。

（3）创建图形对象。

（4）编辑图形对象。

2. 创建用户窗口

切换到工作台中的"用户窗口"选项卡，所有的用户窗口均位于该选项卡内，如图 1-9 所示。

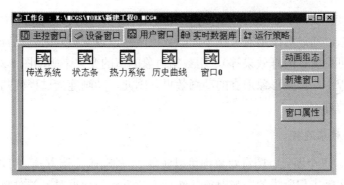

图 1-9　MCGS 用户窗口

单击"新建窗口"按钮，或单击"插入"菜单，选择"用户窗口"命令，即可创建一个新的用户窗口，以图标形式显示，如"窗口 0"。开始时，新建的用户窗口只是一个空窗口，用户可以根据需要设置窗口的属性和在窗口内放置图形对象。

3. 设置用户窗口属性

选择待定义的用户窗口图标，右击鼠标选择"属性"命令，也可以单击"工作台"窗口中的"窗口属性"按钮，或者单击工具条中的"显示属性"按钮 ，或者按【Alt+Enter】组合键，弹出"用户窗口属性设置"对话框，按所列款项设置有关属性。

用户窗口的属性包括：基本属性、扩充属性和脚本控制（启动脚本、循环脚本、退出脚本），由用户选择设置。

窗口的基本属性包括：窗口名称、窗口标题、窗口背景、窗口位置、窗口边界等项内容，其中窗口位置、窗口边界项不可用。

窗口的扩充属性包括：窗口的外观、位置坐标和视区大小等内容。窗口的视区是指实际可用的区域，与屏幕上所见的区域可以不同，当选择视区大于可见区时，窗口侧边附加滚动条，操作滚动条可以浏览窗口内所有的图形对象。

脚本控制包括：启动脚本，循环脚本和退出脚本，启动脚本在用户窗口打开执行脚本，循环脚本是在窗口打开期间以指定的间隔循环执行，退出脚本则是在用户窗口关闭时执行。

4. 创建图形对象

MCGS 提供了 3 类图形对象供用户选用，即图元对象、图符对象和动画构件。这些图形对象位于常用符号工具箱和动画工具箱内，用户从工具箱中选择所需要的图形对象，配置在用户窗口内，可以创建各种复杂的图形。

5. 编辑图形对象

图形对象创建完成后，要对图形对象进行各种编辑工作。例如，改变图形的颜色和大小，调整图形的位置和排列形式，图形的旋转及组合分解等操作，MCGS 提供了完善的编辑工具，使用户能快速制作各种复杂的图形界面，以图形方式精确表示外部物理对象。

6. 定义动画连接

定义动画连接，实际上是将用户窗口内创建的图形对象与实时数据库中定义的数据对象建立对应连接关系，通过对图形对象在不同的数值区间内设置不同的状态属性（如颜色、大小、位置移动、可见度、闪烁效果等），用数据对象的值的变化来驱动图形对象的状态改变，使系统在运行过程中，产生形象逼真的动画效果。因此，动画连接过程就归结为对图形对象的状态属性设置的过程。

7. 图元图符对象连接

在 MCGS 中，每个图元、图符对象都可以实现 11 种动画连接方式。可以利用这些图元、图符对象来制作实际工程所需的图形对象，然后再建立起与数据对象的对应关系，定义图形对象的一种或多种动画连接方式，实现特定的动画功能。这 11 种动画连接方式如下：

（1）填充颜色连接。

（2）边线颜色连接。

（3）字符颜色连接。

（4）水平移动连接。

（5）垂直移动连接。

（6）大小变化连接。

（7）显示输出连接。

（8）按钮输入连接。

（9）按钮动作连接。

（10）可见度连接。

（11）闪烁效果连接。

8. 动画构件连接

为了简化用户程序设计工作量，MCGS 将工程控制与实时监测作业中常用的物理器件，如按钮、操作杆、显示仪表和曲线表盘等，制成独立的图形存储于图库中，供用户调用，这些能实现不同动画功能的图形称为动画构件。

在组态时，只需要建立动画构件与实时数据库中数据对象的对应关系，就能完成动画构件的连接，如对实时曲线构件，需要指明该构件运行时记录哪个数据对象的变化曲线；对报警显示构件，需要指明该构件运行时显示哪个数据对象的报警信息。

1.2.4 组态主控窗口

主控窗口是用户应用系统的主窗口，也是应用系统的主框架，展现工程的总体外观。主控窗口提供菜单命令，响应用户的操作。主控窗口负责调度设备窗口的工作、管理用户窗口的打开和关闭、驱动动画图形和调度用户策略的运行等工作。主控窗口组态包括菜单设计和主控窗口中系统属性的设置。

1. 系统菜单设计

对于一个新建的工程，MCGS 提供了一套默认菜单，用户也可以根据需要设计自己的菜单。双击"主控窗口"图标，弹出菜单组态窗口，输入各级菜单命令。可以利用窗口上端工具条的有关按钮，进行菜单项的插入、删除、位置调整、设置分隔线、制作下拉式菜单等操作。

双击"菜单项"，弹出"菜单属性设置"对话框，按所列款项设定该菜单项的属性。由于主控窗口的职责是调度与管理其他窗口，因此所建立的菜单命令可以完成如下 8 种工作：

（1）执行指定的运行策略。

（2）打开指定的用户窗口。

（3）关闭指定的用户窗口。

（4）隐藏指定的用户窗口。

（5）打印指定的用户窗口。

（6）退出运行系统。

（7）数据对象值操作。

（8）执行指定的脚本程序。

2. 主控窗口属性设置

选中"主控窗口"图标，鼠标单击工作台窗口中的"系统属性"按钮，或者单击工具条中的"显示属性"按钮，或者单击"编辑"菜单，选择"属性"命令，弹出"主控窗口属性设置"对话框。分为下列 5 种属性，按选项卡设置。

（1）基本属性：指明反映工程外观的显示要求，包括工程的名称（窗口标题），系统启动时首页显示的画面（称为软件封面）。

（2）启动属性：指定系统启动时自动打开的用户窗口（称为启动窗口）。

（3）内存属性：指定系统启动时自动装入内存的用户窗口。运行过程中，打开装入内存的用户窗口可提高画面的切换速度。

（4）系统参数：设置系统运行时的相关参数，主要是周期性运作项目的时间要求。例如，画面刷新的周期时间，图形闪烁的周期时间等。建议采用默认值，一般情况下不需要修改这些参数。

（5）存盘参数：指定存盘数据文件的名称（含目录名）等属性。

1.2.5　组态设备窗口

设备窗口是 MCGS 系统与作为测控对象的外部设备建立联系的后台作业环境，负责驱动外部设备，控制外部设备的工作状态。系统通过设备与数据之间的通道，把外部设备的运行数据采集进来，送入实时数据库，供系统其他部分调用，并且把实时数据库中的数据输出到外部设备，实现对外部设备的操作与控制。

MCGS 为用户提供了多种类型的"设备构件"，作为系统与外部设备进行联系的媒介。进入设备窗口，从设备构件工具箱里选择相应的构件，配置到窗口内，建立接口与通道的连接关系，设置相关的属性，即完成了设备窗口的组态工作。

运行时，应用系统自动装载设备窗口及其含有的设备构件，并在后台独立运行。对用户来说，设备窗口是不可见的。

在设备窗口内用户组态的基本操作是：

（1）选择构件。

（2）设置属性。

（3）连接通道。

（4）调试设备。

1. 选择设备构件

在工作台的"设备窗口"选项卡中，双击"设备窗口"图标（或选中"设备窗口"图标，单击"设备组态"按钮），弹出"设备组态"窗口；单击工具条中的"工具箱"按钮，弹出"设备工具箱"对话框；双击设备工具箱里的设备构件，或选中设备构件，鼠标移到设备窗口内单击，则可将其选到窗口内。

设备工具箱内包含有 MCGS 目前支持的所有硬件设备，对系统不支持的硬件设备，需要预先定制相应的设备构件，才能对其进行操作。MCGS 将不断增加新的设备构件，以提供对更多硬件设备的支持。

2．设置设备构件属性

选中设备构件，单击工具条中的"显示属性"按钮 或单击"编辑"菜单，选择"属性"命令，或者双击设备构件，弹出所选设备构件的"属性设置"对话框，切换到"基本属性"选项卡，按所列项目设定。

不同的设备构件有不同的属性，一般都包括如下 3 项：设备名称、输入/输出端口地址、数据采集周期。系统各个部分对设备构件的操作是以设备名为基准的，因此各个设备构件不能重名。与硬件相关的参数必须正确设置，否则系统不能正常工作。

3．设备通道连接

把输入、输出装置读取数据和输出数据的通道称为设备通道，建立设备通道和实时数据库中数据对象的对应关系的过程称为通道连接。建立通道连接的目的是通过设备构件，确定采集进来的数据送入实时数据库的什么位置，或从实时数据库中什么位置取用数据。

在"属性设置"对话框内，选择"通道连接和设置"选项卡，按页面中所列款项设置。

4．设备调试

将设备调试作为设备窗口组态项目之一，是便于用户及时检查组态操作的正确性，包括设备构件选用是否合理，通道连接及属性参数设置是否正确，这是保证整个系统正常工作的重要环节。

"设备构件属性设置"对话框内，专设"设备调试"选项卡，以数据列表的形式显示各个通道数据测试结果。对于输出设备，还可以用对话方式，操作鼠标或键盘，控制通道的输出状态。

1.2.6　组态运行策略

运行策略是指对监控系统运行流程进行控制的方法和条件，它能够对系统执行某项操作和实现某种功能进行有条件的约束。运行策略由多个复杂的功能模块组成，称为"策略块"，用来完成对系统运行流程的自由控制，使系统能按照设定的顺序和条件，进行实时数据库操作，控制用户窗口的打开、关闭以及控制设备构件的工作状态等一系列工作，从而实现对系统工作过程的精确控制及有序的调度管理。

用户可以根据需要来创建和组态运行策略。

1．创建运行策略

每建立一个新工程，系统都自动创建 3 个固定的策略块：启动策略、循环策略和退出策略，它们分别在启动时、运行过程中和退出前由系统自动调度运行。

在系统工作台"运行策略"选项卡中，单击"新建策略"按钮，可以创建所需要的策略块，默认名称为"策略 X"（其中 X 为数字代码），如图 1-10 中的"策略 1"。

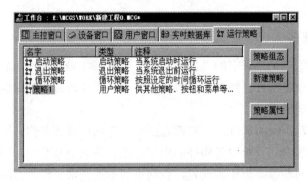

图 1-10　MCGS 运行策略

一个应用系统最多能创建 512 个策略块，策略块的名称在"策略属性设置"窗口中指定。策略名称是唯一的，系统其他部分按策略名称进行调用。

MCGS 提供 5 种策略类型供用户选择，分别是用户策略、循环策略、报警策略、事件策略、热键策略，其中除策略的启动方式各自不同之外，其功能本质上没有差别。用户策略自己并不启动，需要其他策略、按钮、菜单等调用。循环策略是按设定的循环时间自动循环运行。事件策略是等待某事件的发生后启动运行。报警策略是当某个报警条件发生后启动运行。热键策略是响应某个热键按下时启动运行。

2．设置策略属性

切换到"运行策略"选项卡，选择某一策略块，单击"策略属性"按钮，或单击工具条中的"显示属性"按钮 ，即可弹出"策略属性设置"对话框，设置的项目主要是策略名称和策略内容注释。其中的"循环时间"一栏，是专为循环策略块设置循环时间用的。

3．组态策略内容

无论是用户创建的策略块还是系统固有的 3 个策略块，创建时只是一个有名无实的空架子，要使其成为独立的实体，被系统其他部分调用，必须对其进行组态操作，指定策略块所要完成的功能。

每一个策略块都具有多项功能，每一项功能的实现，都以特定的条件为前提。MCGS 通用版把"条件—功能"结合成一体，构成策略块中的一行，称为策略行，策略块由多个策略行构成，多个策略行按照从上到下的顺序执行。策略块的组态操作包括：

（1）创建策略行。

（2）配置策略构件。

（3）设置策略构件属性。

双击指定的"策略块"图标，或单击"策略块"图标，再单击"策略组态"按钮，弹出策略组态窗口，组态操作在该窗口内进行，步骤如下：

（1）创建策略行：组态操作的第一步是创建策略行，目的是先为策略块搭建结构框架。

单击工具条中的"新增策略行"按钮，或右击鼠标，在弹出的快捷菜单中选择"新增策略行"命令，或直接按【Ctrl+I】组合键，增加一个空的策略行。一个策略块中最多可创建 1 000个策略行。

（2）配置策略构件：每个策略行都由两种类型的构件串接而成，前端为条件构件，后端为策略构件。一个策略行中只能有一个策略构件。在 MCGS 通用版的"策略工具箱"中，为用户提供了多种常用的策略构件，用户可从工具箱中选择所需的条件构件和策略构件，配置在策略行相应的位置上。操作方法是：单击工具条中的"工具箱"按钮，弹出"策略工具箱"对话框；选中策略行的功能框（后端），双击工具箱中相应的策略构件；或者选中工具箱中的策略构件，单击策略行的功能框图，即可将所选的构件配置在该行的指定位置上。

MCGS 提供的策略构件有：

① 策略调用构件：调用指定的用户策略；

② 数据对象构件：数据值读/写、存盘和报警处理；

③ 设备操作构件：执行指定的设备命令；

④ 退出策略构件：用于中断并退出所在的运行策略块；

⑤ 脚本程序构件：执行用户编制的脚本程序；

⑥ 定时器构件：用于定时；

⑦ 计数器构件：用于计数；

⑧ 窗口操作构件：打开、关闭、隐藏和打印用户窗口；

⑨ Excel 报表输出：将历史存盘数据输出到 Excel 中，进行显示、处理、打印、修改等操作；

⑩ 报警信息浏览：对报警存盘数据进行数据显示；

⑪ 存盘数据拷贝：将历史存盘数据转移或复制到指定的数据库或文本文件中；

⑫ 存盘数据浏览：对历史存盘数据进行数据显示、打印；

⑬ 存盘数据提取：对历史存盘数据进行统计处理；

⑭ 配方操作处理：对配料参数等进行配方操作；

⑮ 设置时间范围：设置操作的时间范围；

⑯ 修改数据库：对实时数据存盘对象、历史数据库进行修改、添加、删除。

（3）设置策略构件属性：鼠标双击策略构件；或者单击策略构件，单击工具条中的"显示属性"按钮，弹出该策略构件的属性设置对话框。不同的策略构件，属性设置的内容不同。

小　　结

本章介绍了 MCGS 组态软件的安装过程和运行方式，并对软件系统的构成和各个组成部分的功能进行详细的说明，以便对 MCGS 系统的组态过程有一个全面的了解和认识。

• 熟悉用 MCGS 软件建立抢答器监控系统的整个过程。

• 掌握简单界面设计、完成动画连接及脚本程序编写。

• 学会用 MCGS 软件、PLC 联合调试抢答器监控系统。

2.1 控制要求与方案设计

当今社会，各种各样的竞赛活动丰富多彩，譬如中小学校的智力竞赛，大专院校的辩论比赛，电视中的娱乐节目。这些竞赛活动通常都设置了抢答环节，在这一环节中抢答器是必不可少的组成部分，因此，根据不同的需要，合理地设计抢答器显得尤为重要。

抢答器在日常生活中有着较为广泛的应用，它适用于很多类型和不同规模的比赛，所以设计抢答器系统具有一定的实用价值。

2.1.1 控制要求

某五路抢答器控制系统，1 个儿童组有 2 人 X1、X2；1 个大人组有 2 人 X3、X4；3 个学生组有 3 人 X5、X6、X7；1 个报警灯 Y0；5 组选手分别有 5 个桌灯 Y1、Y2、Y3、Y4、Y5；5 个记分牌；1 个电铃 Y6；1 个显示当前答题组号码的显示牌。要求用 MCGS 组态软件和 PLC 进行整体设计。

本系统要求实现以下控制要求：

（1）五路抢答器，1 个儿童组，1 个大人组，3 个学生组。其中儿童组有 2 个按钮 X1、X2，无论按哪个都算成功抢答；大人组也有 2 个按钮 X3、X4，必须都按下才算成功抢答；3 个学生组每组都只有 1 个按钮，按下就成功抢答。只要有 1 组成功抢答，则其他组抢答无效。

（2）主持人打开比赛开关 X14，抢答器开始工作，每组选手的初始分为 50 分。当主持人说完题目并按下"抢答开始"按钮 X10 后才可以抢答，若提前抢答则犯规，报警灯 Y0 亮，抢答选手的桌灯亮，并且显示该组的号码。

（3）当主持人宣布抢答开始后 10 s 之内若有人抢答，则该组的桌灯亮，电铃 Y6 响 2 s，并且显示该组的号码，该组有 15 s 的时间作答，答对加 10 分，答错减 10 分，若超过 15 s 仍未答完，则报警灯 Y0 亮，本轮抢答无效。

（4）主持人宣布抢答开始后，若 10 s 之内无人抢答，则报警灯 Y0 亮，本轮抢答无效，选手无法再抢答。

（5）每轮抢答后可以利用 X0 复位。

2.1.2　方案设计

整个设计的下位机采用 PLC 控制，它比数字电路控制和单片机控制更加稳定和易于修改，上位机采用 MCGS6.2 组态软件通用版进行设计，具有很好的通用性。该设计完成的主要内容是：硬件电路的设计和 PLC 程序的编写以及调试；组态监控界面的设计；上位机和下位机的连接调试。通过在实验室的连接和调试，证明设计方案的可行性。

2.2　抢答器系统硬件电路设计

2.2.1　系统硬件设计

根据抢答器监控系统的设计要求，硬件设计如下：

（1）主持人控制区有 1 个开关和 4 个按钮，分别为比赛开关、抢答开始按钮、加分按钮、减分按钮、复位按钮。

（2）选手控制区有 7 个按钮，分别为儿童 1 按钮、儿童 2 按钮、大人 1 按钮、大人 2 按钮、学生 1 按钮、学生 2 按钮、学生 3 按钮。

（3）显示部分：

① 一个电铃；

② 一个报警灯；

③ 一个用来显示当前答题组号码的 LED 显示器；

④ 每组选手桌上各有一只桌灯；

⑤ 每组选手桌前各有一组 LED 显示记分牌，基本分为 50 分。

所以，硬件设计应有 12 个输入点，50 个输出点，由于实验室环境中 PLC 一般都是小型 PLC，输入输出点数不多，因此本设计只做 1 组的记分牌，其余 4 组同理。这样本设计就有 12 个输入，22 个输出。

2.2.2　PLC 的选择

在本控制系统中，所需的开关量输入为 12 点，输出为 22 点，选择模块式 PLC，因为一旦某模块发生故障，用户可以通过更换模块的方法，使系统迅速恢复运行。在众多小型 PLC 中，日本三菱公司生产的 FX2N 系列 PLC 功能强大，应用广泛，非常适合本次 PLC 系统的设计，因此选用三菱 FX2N 系列 PLC 作控制单元来控制整个系统，如图 2-1 所示。

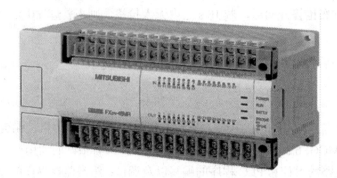

图 2-1   FX2N-48MR PLC

2.2.3   PLC 的 I/O 分配表的设计

I/O 地址分配如表 2-1 所示。

表 2-1   抢答器系统 I/O 地址分配

输入点地址	功　能	输出点地址	功　能
X0	复位按钮	Y0	报警灯
X1	儿童按钮 1	Y1	儿童组桌灯
X2	儿童按钮 2	Y2	大人组桌灯
X3	大人按钮 1	Y3	学生 1 桌灯
X4	大人按钮 2	Y4	学生 2 桌灯
X5	学生按钮 1	Y5	学生 3 桌灯
X6	学生按钮 2	Y6	电铃
X7	学生按钮 3	Y7~Y15	记分牌十位
X10	抢答开始按钮	Y16	记分牌个位
X11	加分按钮	Y17~Y25	当前组号显示牌
X12	减分按钮		
X14	比赛开关		

其中 X0~X7、X10~X12 都是按钮，只有 X14 是开关。

数字的显示需要用 LED 来实现，通常所说的 LED 显示器是由 7 个发光二极管组成，因此也称之为七段 LED 显示器。LED 显示器中的发光二极管有 2 种连接方法：共阳极接法和共阴极接法。由于 PLC 输出的是高电平，所以本例中采用共阴极接法。一般 LED 显示器的电源为+5 V，但是 PLC 的电源为+24 V，本例中使用的 LED 显示器的设计是每个段码由 5 个发光二极管串联后外接限流电阻组成。其中 a 段的结构如图 2-2 所示。

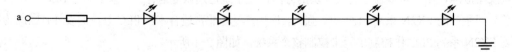

图 2-2   LED 显示器的 A 段数码段内部结构

2.2.4　PLC 外部接线图的设计

PLC 外部接线图如图 2-3 所示。

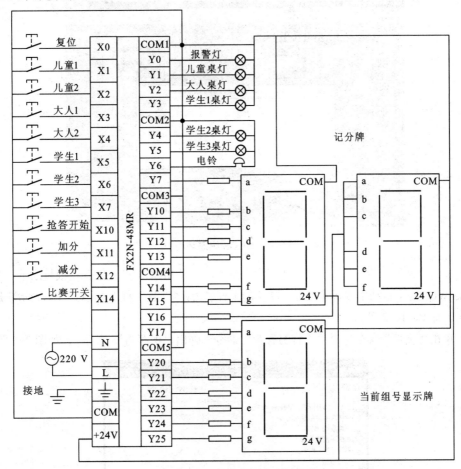

图 2-3　抢答器系统外部接线图

2.2.5　抢答器 PLC 程序的编写

本程序用 SWOPC-FXGP/WIN-C 编程软件编写，编好程序后可以与可编程控制器进行通信。其梯形图程序如图 2-36 所示。

2.3　抢答器系统组态软件设计

抢答器组态监控工程主要的要求是对抢答器系统下位机的输出数据进行实时采集，从而实现监控。设计过程包括监控画面的编辑、数据对象的定义、脚本程序的编写以及进行系统的模拟仿真运行和调试。

2.3.1　创建工程

建立工程的步骤如下：

（1）双击桌面上的"MCGS 组态环境"图标，进入组态环境，出现如图 2-4 所示界面，屏幕中间窗口为工作台。

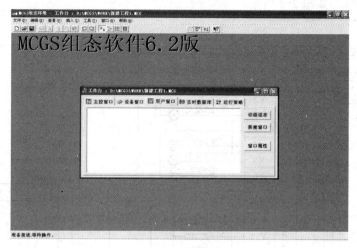

图 2-4　MCGS 组态环境

（2）单击"文件"菜单，选择"新建工程"命令，如果 MCGS 安装在 D 盘根目录下，则会在 D:\MCGS\WORK\下自动生成新建工程，默认的工程名为："新建工程 X.MCG"（X 表示新建工程的顺序号，如 0、1、2 等）。

（3）单击"文件"菜单选择"工程另存为"命令，弹出"保存为"对话框，如图 2-5 所示。

图 2-5　输入工程名

（4）在"文件名"文本框内输入"抢答器监控系统"，单击"保存"按钮，工程创建完毕。

2.3.2　定义数据对象

1．分配数据对象

实时数据库是 MCGS 工程的数据交换和数据处理中心。数据对象是构成实时数据库的基本单元，建立实时数据库的过程也就是定义数据对象的过程。

分配数据对象即定义数据对象前需要对系统进行分析，确定需要的数据对象。本系统数据对象分配表如表 2-2 所示。

表 2-2 数据对象分配表

对 象 名 称	类 型	注 释
比赛开关	开关型	控制比赛开始和停止的开关
报警灯	开关型	显示违规或延时的报警信号
电铃	开关型	抢答成功的声音信号
儿童桌灯	开关型	儿童组的桌灯
大人桌灯	开关型	大人组的桌灯
学生 1 桌灯	开关型	学生 1 的桌灯
学生 2 桌灯	开关型	学生 2 的桌灯
学生 3 桌灯	开关型	学生 3 的桌灯
当前组号显示牌 a	开关型	当前组号显示牌 a
当前组号显示牌 b	开关型	当前组号显示牌 b
当前组号显示牌 c	开关型	当前组号显示牌 c
当前组号显示牌 d	开关型	当前组号显示牌 d
当前组号显示牌 e	开关型	当前组号显示牌 e
当前组号显示牌 f	开关型	当前组号显示牌 f
当前组号显示牌 g	开关型	当前组号显示牌 g
记分牌十位 a	开关型	记分牌十位 a
记分牌十位 b	开关型	记分牌十位 b
记分牌十位 c	开关型	记分牌十位 c
记分牌十位 d	开关型	记分牌十位 d
记分牌十位 e	开关型	记分牌十位 e
记分牌十位 f	开关型	记分牌十位 f
记分牌十位 g	开关型	记分牌十位 g
记分牌个位	开关型	记分牌个位
m0	开关型	

2. 定义数据对象步骤

（1）单击工作台中的"实时数据库"标签，切换到"实时数据库"选项卡，窗口中列出了已有系统内部建立数据对象的名称，如图 2-6 所示。

图 2-6 实时数据库

（2）单击工作台右侧"新增对象"按钮，在窗口的数据对象列表中，增加新的数据对象，系统默认定义的名称为"Data1"、"Data2"、"Data3"等（多次单击该按钮，则可增加多个数据对象），如图2-7所示。

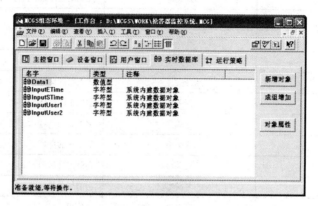

图2-7 新增数据对象

（3）选中对象，单击右侧"对象属性"按钮，或双击选中对象，弹出"数据对象属性设置"对话框，如图2-8所示。

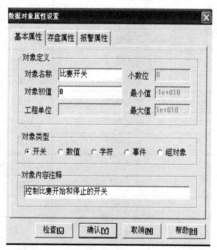

图2-8 "数据对象属性设置"对话框

（4）将对象名称改为"比赛开关"；对象类型选择"开关"；在对象内容注释文本框内输入"控制比赛开始和停止的开关"，单击"确认"按钮。

按照上述步骤，根据表2-2，设置其他数据对象。

2.3.3 制作工程画面

1. 建立画面

（1）在工作台的"用户窗口"选项卡中单击"新建窗口"按钮，建立"窗口0"，如图2-9所示。

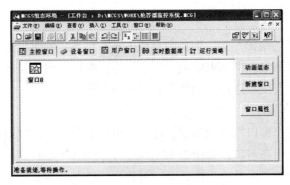

图 2-9 新建用户窗口

（2）选中"窗口0"，单击"窗口属性"按钮，弹出"用户窗口属性设置"对话框，如图 2-10 所示。

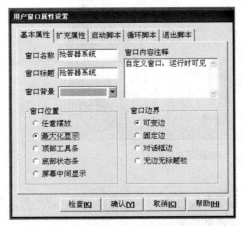

图 2-10 设置用户窗口的属性

（3）在"基本属性"选项卡中将窗口名称改为"抢答器系统"；窗口标题改为"抢答器系统"；窗口位置选中"最大化显示"，其他不变，单击"确认"按钮，关闭窗口。

（4）在工作台的"用户窗口"选项卡中，"窗口0"图标已变为"抢答器系统"，如图 2-11 所示。右击"抢答器系统"图标，在弹出的快捷菜单中选择"设置为启动窗口"命令，将该窗口设置为运行时自动加载的窗口，则当 MCGS 运行时，将自动加载该窗口。

（5）单击工具条上"存盘"按钮。

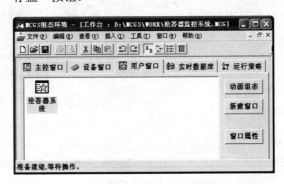

图 2-11 设置后的用户窗口

2. 编辑画面

MCGS 提供了基本的绘图工具，例如画直线、画矩形等，同时也提供了元件库，用于提供较复杂但常用的元件图形，例如电磁阀、指示灯等。编辑画面就是利用这些工具，对它所提供的这些图形对象（直线、矩形、元件等）进行组态而已。

1）进入编辑画面环境

（1）在工作台"用户窗口"选项卡中，选中"抢答器系统"窗口图标，单击右侧"动画组态"按钮，进入动画组态窗口，如图 2-12 所示，开始编辑画面。

（2）单击工具条上的"工具箱"按钮，弹出"工具箱"对话框，如图 2-13 所示。

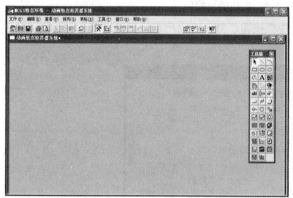

图 2-12　编辑画面环境　　　　　图 2-13　绘图工具箱

2）制作文字框图

（1）单击工具箱中的"标签"按钮，鼠标指针呈"十字"形，在窗口顶端中心位置拖动鼠标，根据需要画出一个一定大小的矩形。

（2）在光标闪烁位置输入文字"抢答器监控系统"，按【Enter】键或在窗口任意位置单击一下鼠标，文字输入完毕，如图 2-14 所示。

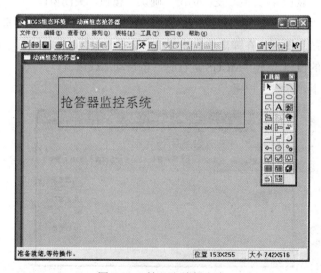

图 2-14　输入和编辑文字

（3）如果文字输错了或者输入文字的字形、字号、颜色、位置等不满意，可进行如下的操作。

（4）单击已输入的文字,在文字周围出现了许多小方块(称为拖动手柄)，表明文本框被选中，可对其进行编辑。

① 右击鼠标，在弹出的快捷菜单中，选择"改字符"。

② 在文本框中输入正确的文字，在窗口任意空白位置单击鼠标，结束文字输入。

③ 选中文字框，单击工具条上的 "填充色"按钮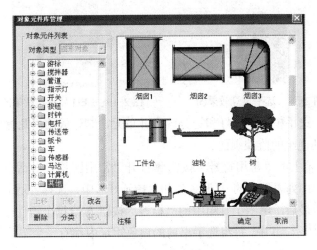，设定文字框的背景颜色为"没有填充"。

④ 单击工具条上的 "线色"按钮，设置文字框的边线颜色为"没有边线"。

⑤ 单击工具条上的"字符字体"按钮，设置文字字体为"宋体"；字型为"粗体"；大小为"26"。

⑥ 单击工具条上的"字符色"按钮，将文字颜色设为"蓝色"。

⑦ 单击工具条上的"对齐"按钮，弹出"左对齐、居中、右对齐"3 个图标，选择"居中"。注意这里的居中是指文字在文本框里左右、上下位置居中。

⑧ 如果文字的整体位置不理想，可按下键盘的【↑】、【↓】、【←】、【→】键进行移动，或按住鼠标左键拖动，直至位置合适，再松开鼠标。

⑨ 如果觉得文本框太大或太小，可同时按住【Shift】键和【↑】、【↓】、【←】、【→】键中的一个；或移动鼠标到小方块（拖动手柄）位置，待鼠标指针呈纵向或横向或斜向"双箭头"形，即可按住左键拖动，改变文本框大小直至满意。

（5）单击窗口其他任意空白位置，结束文字编辑。

（6）若需删除文字，只要选中文字，按【Del】键。

（7）想恢复刚刚被删除的文字，单击"撤销"按钮。

（8）单击工具条上"存盘"按钮。

3）制作抢答器组态画面

（1）单击绘图工具箱中的"插入元件"按钮，弹出"对象元件库管理"对话框。

（2）单击对话框左侧"对象元件列表"中的"其他"选项，右侧列表框出现如图 2-15 所示的图形。

图 2-15　工作台图形

（3）单击对话框右侧的"工作台"图形作为选手抢答的工作桌，图像外围出现矩形，表明该图形被选中，单击"确定"按钮。

（4）将工作台调整为适当大小，放到适当位置。

（5）在工作台下面输入文字标签"儿童桌"，单击工具条"存盘"按钮。

（6）单击工具箱里的"直线"、"椭圆"及"圆角矩形"按钮制作出选手的模型，如图 2-16 所示.

（7）单击"指示灯"按钮制作选手桌灯。单击"对象元件列表"中的"指示灯"，选择"指示灯 11"，先将其分解单元，这个桌灯是由 3 部分组成：红灯，绿灯和底座，如图 2-17 所示。

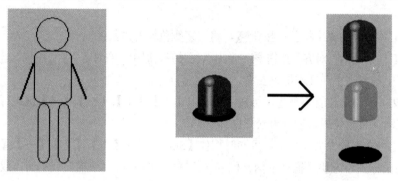

图 2-16　选手模型效果图　　　　图 2-17　指示灯分解图示

本例中为了更美观，将桌灯的底座去掉，然后将红灯和绿灯合并单元。设置好的桌灯如图 2-18 所示。

（8）LED 显示器的制作：本例有 2 处需要用到 LED 显示，组号显示器和记分牌。利用工具箱中的"矩形"按钮，画出 7 个狭长的矩形，作为每一段二极管，这样就组合成一个 LED 显示器，然后按照前述方法设置其属性，再将其合并单元，就构成了一个 LED 显示器，如图 2-19 所示。

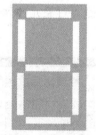

图 2-18　选手桌灯效果图　　　　图 2-19　LED 显示器效果图

（9）将工作台、选手模型、桌灯和记分牌合并单元，制作成的"儿童桌"画面如图 2-20 所示。同理，制作其他组的监控画面。

（10）单击工具箱上的"常用符号"按钮打开"常用图符"对话框，选中八边形，作为电铃。在"对象元件列表"里的 "开关"和"指示灯"中，选择合适的图符作为"比赛开关"和"报警灯"。 最后，单击工具箱中的"标签"按钮A给每个器件进行标注。工程最终的效果图如图 2-21 所示。其中，每组选手桌前的白色矩形内都有一个记分牌，静态时无显示，当比赛开始时显示为 50 分。

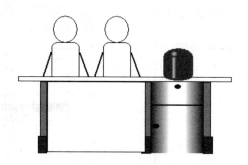

图 2-20 儿童桌效果图

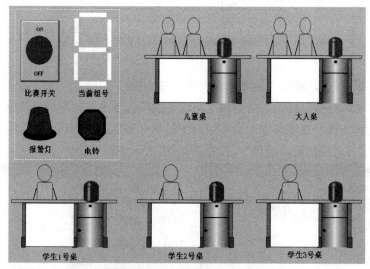

图 2-21 抢答器组态效果图

2.3.4 动画连接

动画连接，实际上是将用户窗口内创建的图形对象与实时数据库中定义的数据对象建立对应连接关系，通过对图形对象在不同的数值区间内设置不同的状态属性（如颜色、大小、位置移动、可见度、闪烁效果等），用数据对象的值的变化来驱动图形对象的状态改变，使系统在运行过程中，产生形象逼真的动画效果。因此，动画连接过程就归结为对图形对象的状态属性设置的过程。例如，本例中抢答犯规，报警灯 Y0 亮。下面介绍电铃、桌灯、记分牌的动画连接。

1. 比赛开关动画连接

（1）双击"比赛开关"，弹出"单元属性设置"对话框。

（2）单击"动画连接"标签，切换到"动画连接"选项卡，按照图 2-22 所示进行设置。

（3）在"动画连接"选项卡中，设置椭圆填充颜色的动态属性，"0"信号对应的是"红色"，"1"信号对应的是"绿色"，按照图 2-23 所示进行设置。同理，设置标签的字符颜色，动态属性"0"信号对应的是"白色"，"1"信号对应的是"黑色"。

图 2-22 比赛开关动画连接设置窗口

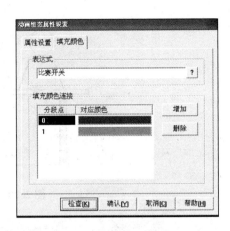
图 2-23 比赛开关填充颜色设置

2. 报警灯动画连接

（1）双击"报警灯"，弹出"单元属性设置"对话框。

（2）单击"动画连接"标签，切换到"动画连接"选项卡，按照图 2-24 所示进行设置。

（3）在"动画连接"选项卡中，设置组合图符填充颜色的动态属性，"0"信号对应的是"红色"，"1"信号对应的是"绿色"，按照图 2-25 所示进行设置。

图 2-24 报警灯动画连接设置窗口

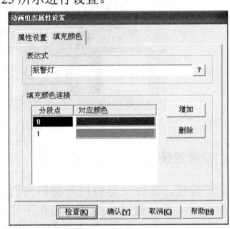
图 2-25 报警灯填充颜色设置

3. 电铃动画连接

（1）双击"电铃"，弹出"动画组态属性设置"对话框。对其属性和填充颜色进行设置，包括边线颜色，边线类型，静态填充颜色以及动态填充颜色。

（2）将静态填充颜色设置为"红色"，边线颜色设置为"黑色"，边线线型设置为"较粗"，如图 2-26 所示。

（3）动态属性中，"0"信号对应的是"红色"，"1"信号对应的是"绿色"，如图 2-27 所示。

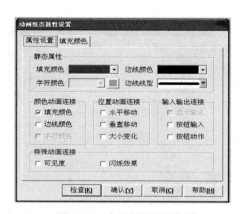

图 2-26 电铃属性设置标签　　　　　　图 2-27 电铃属性填充颜色设置

4. 组号显示器动画连接

（1）双击"组号显示器"，弹出"单元属性设置"选项卡。

（2）单击"动画连接"标签，切换到"动画连接"选项卡，按照图 2-28 所示进行设置。

（3）在"动画连接"选项卡中，设置组合图符填充颜色的动态属性，"0"信号对应的是"白色"，"1"信号对应的是"红色"，按照图 2-29 所示进行设置。

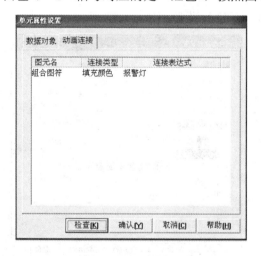

图 2-28 组号显示器动画连接设置　　　　图 2-29 组号显示器填充颜色设置

5. 桌灯动画连接

（1）双击"学生 1 桌灯"，弹出"动画组态属性设置"对话框。对其属性和填充颜色进行设置，包括边线颜色，边线类型，填充颜色。

（2）将填充颜色设置为"背景色"，边线颜色设置为"黑色"，边线线型设置为"默认线型"，如图 2-30 所示。

（3）动态属性中，可见度的设置是红灯在"0"信号的时候可见，绿灯是在"1"信号时可见，如图 2-31 所示。

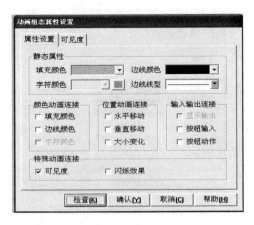

图 2-30　桌灯属性设置

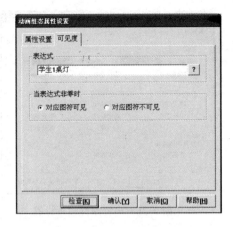

图 2-31　桌灯可见度属性设置

6. 记分牌动画连接

（1）双击"记分牌"，弹出"单元属性设置"对话框。

（2）单击"动画连接"标签，切换到"动画连接"选项卡，按照图 2-32 所示进行设置。

（3）在"动画连接"选项卡中，设置标签填充颜色的动态属性，"0"信号对应的是"白色"，"1"信号对应的是"红色"，按照图 2-33 所示进行设置。

图 2-32　记分牌动画连接设置

图 2-33　记分牌填充颜色设置

2.3.5　模拟仿真运行与调试

1. 脚本程序简介

脚本程序是组态软件中的一种内置编程语言引擎。当某些控制和计算任务通过常规组态方法难以实现时，通过使用脚本语言，能够增强整个系统的灵活性，解决其常规组态方法难以解决的问题。在 MCGS 中，脚本语言是一种语法上类似 BASIC 的编程语言。可以应用在运行策略中，把整个脚本程序作为一个策略功能块执行，也可以在菜单组态中作为菜单的一个辅助功能运行，更常见的方法是应用在动画界面的事件中。

因本例只要求实现监控，无动态效果，所以脚本程序编写比较简单。因为考虑到实验室环境，通常只能实现一组记分牌的加减，所以，为了美观，让另外四组记分牌也能有显示，就要通过写脚本来实现。

2．编写脚本程序

（1）根据抢答器监控系统要求，完成一个循环需 60 ms，首先将定时器定时时间修改为 60。

（2）将脚本程序添加到策略行。

① 进入循环策略组态窗口，单击工具条中的"新增策略行"按钮 ，增加一新策略行。

② 在"策略工具箱"中选中"脚本程序"，鼠标指针移动到新增策略行末端的方块，此时变为小手形状，单击该方块，脚本程序被加到该策略。

③ 鼠标单击选中该策略行，单击工具条中的"向下移动"按钮 ，脚本程序上移到定时器行上，如图 2-34 所示。

图 2-34　新增脚本程序策略行

④ 双击"脚本程序"策略行末端的方块 ，出现"脚本程序"编辑窗口，如图 2-35 所示。

图 2-35　脚本程序编辑环境

（3）脚本程序编辑注意事项：

① 脚本程序的编写必须符合语法规范，否则不能通过。根据系统提供的错误信息，作出相应的改正，系统检查通过，就可以在运行环境中运行。

② 可以利用提供的功能按钮（如：剪切、复制、粘贴等）。

③ 可以利用脚本语言和表达式列表（如：IF[表达式]THEN 等）。

④ 可以利用操作对象和函数列表（如：系统函数!abs()、数据对象等）。

⑤ ">"、"<"、"'"等符号应在纯英文或"英文标点"状态输入。

⑥ 注释以单引号"'"开始。

（4）脚本程序清单：

因本例只要求实现监控，无动态效果，所以脚本程序编写比较简单。考虑到实验室环境，利用一组记分牌的加减观察效果，其他四组记分牌也能有显示，本例在数据库中添加了一个"m0"，当"比赛开关"=1 的时候，"m0"就为 1，然后将另外四组记分牌十位的 a、c、d、f、g 段和个位的 a、b、c、d、e、f 段都设置为"m0"，这样只要比赛开始，那么这四组的记分牌就会显示为"50"，但这只是为了画面的美观而做的一个模拟，实际上是不能实现加减分的。脚本程序如下：

```
if 比赛开关=1  then
m0=1
else m0=0
endif
```

（5）调试程序：

① 单击"检查"按钮，进行语法检查。如果报错，修改到无语法错误。

② 单击"存盘"按钮，进入运行环境，观察效果是否正确，如果有误，重新进行调整。

③ 修改直至效果正确。

2.4 MCGS 组态软件和三菱 FX2N 系列 PLC 的通信调试

抢答器监控系统以三菱 FX2N 系列 PLC 为控制单元，利用 MCGS 组态软件将控制系统的控制状态可视化，通过上位机实时接收和处理现场信号，并驱动上位机控制界面中的图形控件，使监控画面实时显示现场状态。

首先建立 MCGS 组态软件与三菱 FX2N 系列 PLC 之间的通信连接，用三菱编程电缆连接 PLC 与上位 PC。在组态软件的设备窗口中加入通用串口父设备及三菱 PLC，组态完成之后，进入运行环境就能实现对抢答器监控系统的上位机监控功能。

2.4.1 编制并调试 PLC 的控制程序

（1）编辑图 2-36 所示的梯形图程序。

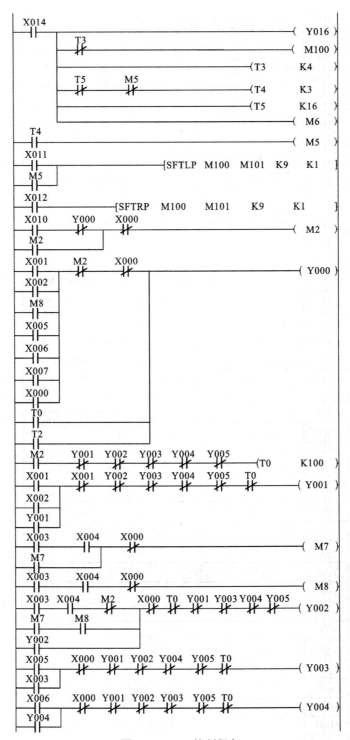

图 2-36　PLC 控制程序

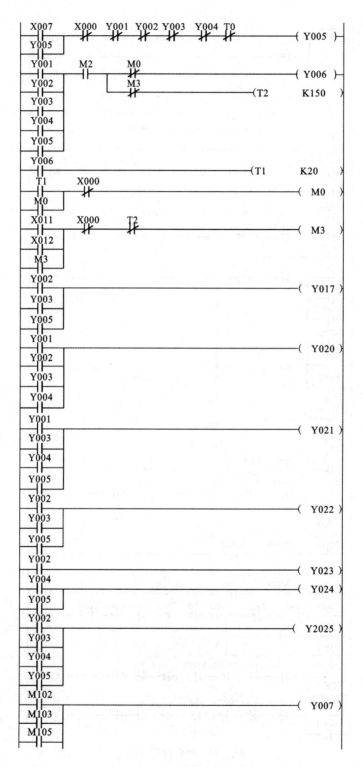

图 2-36 PLC 控制程序（续）

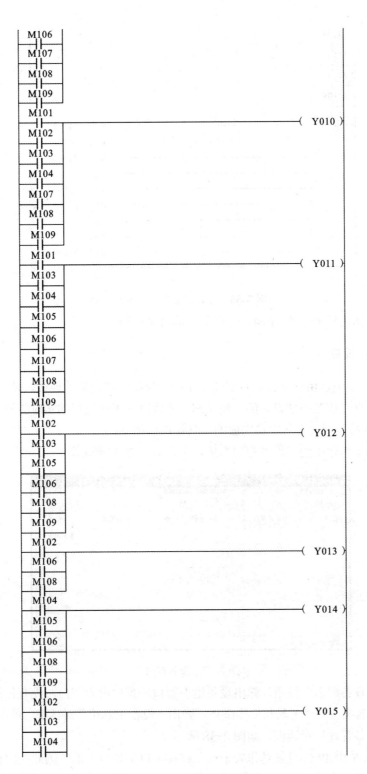

图 2-36 PLC 控制程序（续）

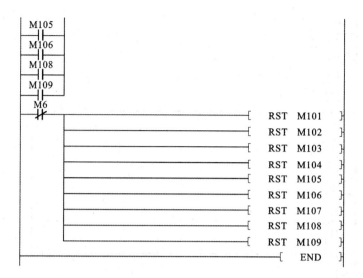

图 2-36　PLC 控制程序（续）

（2）按照上图进行 PLC 程序调试，直至调试结果正确。

2.4.2　添加 PLC 设备

在 MCGS 系统中，由设备窗口负责建立系统与外部硬件设备的连接，使得 MCGS 能从外部设备读取数据并控制外部设备的工作状态，实现对应工业过程的实时监控。因此 MCGS 与 PLC 设备的连接是通过设备窗口完成的，具体操作如下：

（1）切换到工作台中的"设备窗口"选项卡，如图 2-37 所示。

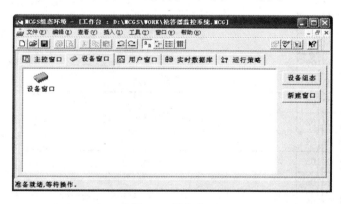

图 2-37　设备窗口

（2）单击"设备组态"按钮，弹出设备组态窗口，窗口内为空白，没有任何设备。

（3）单击工具条上的"工具箱"按钮，弹出"设备工具箱"对话框，单击"设备管理"按钮，弹出"设备管理"对话框，如图 2-38 所示。

（4）在 MCGS 中 PLC 设备是作为子设备挂在串口父设备下的，因此在向设备组态窗口中添加 PLC 设备前，必须先添加一个串口父设备。三菱 PLC 的串口父设备可以用"通用串口父设备"。"通用串口父设备"可在图 2-38 所示对话框的左侧"可选设备"列表中直接看到。双击"通用串口父设备"，该设备将出现在"选定设备"栏，如图 2-39 所示。

（5）双击"PLC 设备"选项，弹出能够与 MCGS 通信的 PLC 列表。选择"三菱"→"FX-232"选项，双击"FX-232"图标，该设备也被添加到"选定设备"栏，如图 2-39 所示。

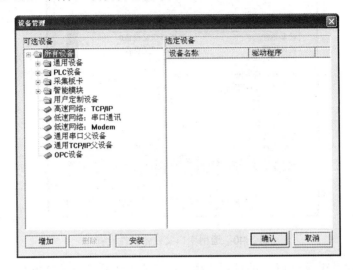

图 2-38　"设备管理"对话框

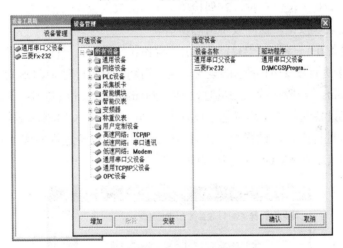

图 2-39　添加选定设备

（6）单击"确认"按钮，"设备工具箱"列表中出现以上两个设备。

（7）双击"通用串口父设备"选项，再双击"三菱 FX-232"设备选项，它们被添加到"设备组态"窗口中，至此完成设备的添加。

（8）单击工具条上"存盘"按钮。

2.4.3　设置 PLC 设备属性

（1）双击左侧"设备窗口"的"通用串口父设备 0-[通用串口父设备]"，弹出"通用串口设备属性编辑"对话框。在"基本属性"选项卡中进行设置，如图 2-40 所示。串口父设备用来设置通信参数和通信端口。

图 2-40 通用串口父设备属性设置

通信参数必须设置成与 PLC 的设置一样，否则就无法通信。三菱 PLC 常用的通信参数：通信波特率 6-9600，0-1 位停止位，2-偶检验，0-7 位数据位。

（2）单击"确认"按钮，返回设备组态窗口。

（3）双击"设备 0-[三菱 FX-232]"，弹出"设备属性设置：--[设备 0]"对话框。切换到"基本属性"选项卡进行图 2-41 所示的设置。采集周期：为运行时 MCGS 对设备进行操作的时间周期，单位为 ms，一般在静态测量时设为 1 000 ms，在快速测量时设为 200 ms。初始工作状态：用于设置设备的起始工作状态，设置为启动时，在进入 MCGS 运行环境时，MCGS 即自动开始对设备进行操作，设置为停止时，MCGS 不对设备进行操作，但可以用 MCGS 的设备操作函数和策略在 MCGS 运行环境中启动或停止设备。

图 2-41 三菱 PLC 设备属性设置

（4）单击"[内部属性]"之后出现的"…"按钮，弹出"三菱-Fx232 通道属性设置"对话框，如图 2-42 所示。列出了 PLC 的通道及其含义。内部属性用于设置 PLC 的读/写通道，以便后面进行设备通道连接，从而把设备中的数据送入实时数据库中的指定数据对象或把数据对象的值送入设备指定的通道输出。三菱 PLC 设备构件把 PLC 的通道分为只读、只写、读写 3 种情况，只读用于把 PLC 中的数据读入到 MCGS 的实时数据库中，只写通道用于把 MCGS 实时数据库中的数据写入到 PLC 中，读写则可以从 PLC 中读数据，也可以往 PLC 中写数据。

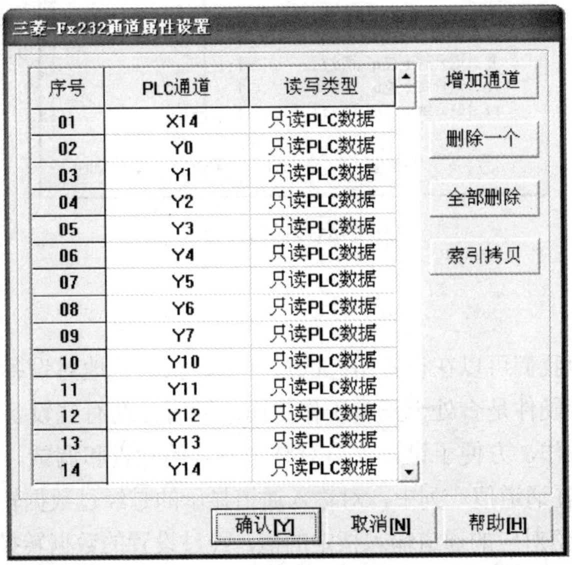

图 2-42　三菱 PLC 通道属性设置

2.4.4　设备通道连接

本构件对 PLC 设备的调试分为读和写两部分，如在"通道连接"选项卡中，显示的是读 PLC 通道，则在"设备调试"选项卡中显示的是 PLC 中这些指定单元的数据状态；如在"通道连接"选项卡中显示的是写 PLC 通道，则在"设备调试"选项卡中，把对应的数据写入到指定 PLC 单元中。注意：对于读写的 PLC 通道，在设备调试时不能往下写。设备通道设置步骤如下：

（1）切换到"通道连接"选项卡，按照表 2-1 的 I/O 分配进行设置。

（2）选中通道 1，双击"对应数据对象"栏，在其中输入在实时数据库中建立的与之对应的数据名"比赛开关"，单击"确认"按钮就完成了 MCGS 中的数据对象与 PLC 内部寄存器间的连接，具体的数据读写将由主控窗口根据具体的操作情况自动完成，如图 2-43 所示。

（3）其他通道设置类似，如图 2-43 所示。

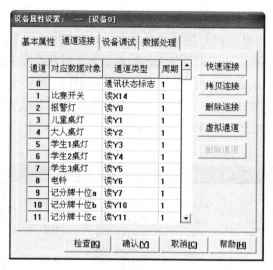

图 2-43　通道连接

2.4.5　设备调试

使用设备调试窗口我们可以在设备组态的过程中，很方便地对设备进行调试，以检查设备组态设置是否正确、硬件是否处于正常工作状态。同时，在有些设备调试窗口中，可以直接对设备进行控制和操作，方便了设计人员对整个系统的检查和调试。

如图 2-44 所示，在通道值一列中，对输入通道显示的是经过数据转换处理后的最终结果值；对输出通道，可以给对应的通道输入指定的值，经过设置的数据转换内容后，输出到外部设备。

通道号	对应数据对象	通道值	通道类型
0		1	通讯状态标志
1	比赛开关	0	读X14
2	报警灯	0	读Y0
3	儿童桌灯	0	读Y1
4	大人桌灯	0	读Y2
5	学生1桌灯	0	读Y3
6	学生2桌灯	0	读Y4
7	学生3桌灯	0	读Y5
8	电铃	0	读Y6
9	记分牌十位a	0	读Y7
10	记分牌十位b	0	读Y10
11	记分牌十位c	0	读Y11

检查(K)　确认(M)　取消(C)　帮助(H)

图 2-44　设备调试

抢答器系统的调试步骤如下：

1. 下位机的调试

（1）按图 2-3 将硬件电路连接好。

（2）打开 FXGP-WIN-C 编程软件，将抢答器的程序写入。

（3）打开可编程序控制器的电源开关并将其状态按扭打到 STOP 状态。

（4）在 PLC 编程软件中将抢答器的程序写入可编程序控制器中，过程如下：

PLC→传送→写出→选定范围

（5）将可编程序控制器的状态打到 RUN 使 PLC 开始运行。

（6）将 LED 的开关打开，X14 打到开，抢答器系统就可开始工作。

2. 上/下位机的联调

（1）将三菱 FX2N 上的开关拨至"RUN"，按下"启动"按钮后，观察 PLC 输出是否正确，如果运行不正确，打开 FXGP-WIN-C 软件调试 PLC，直至运行正确，打开抢答器监控系统设备。

（2）双击设备窗口中的"三菱 FX-232"图标，打开"设备属性"窗口，出现如图 2-44 所示属性框，单击"设备调试"按钮，查看通道值是否在变化。如果通道值在变化，说明数据可以采集到了。

（3）进入工程运行环境，观察 MCGS 监控画面中五路抢答器的记分牌显示和组号显示是否正确，报警灯和电铃设置是否无误，如果不正确，查找原因并修正。

（4）退出 MCGS 运行环境，完成调试工作。图 2-45～图 2-50 是抢答器系统的几张监控图。

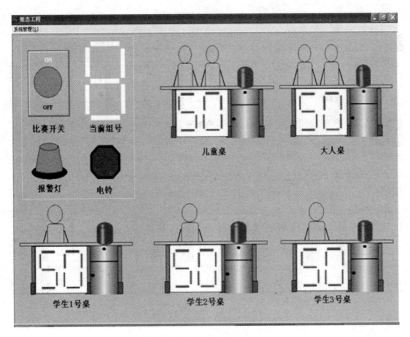

图 2-45　比赛开始

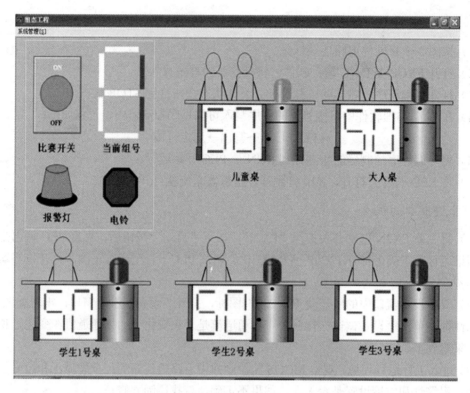

图 2-46   1 号犯规

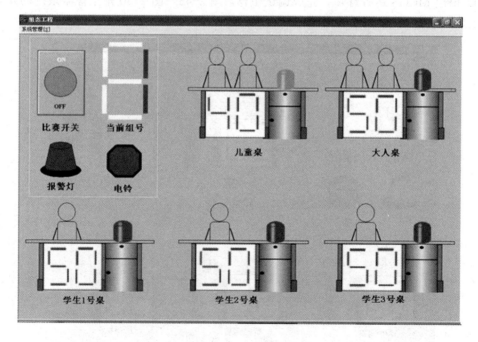

图 2-47   1 号减分

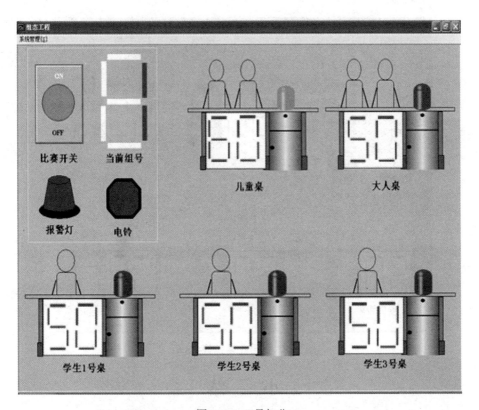

图 2-48 1 号加分

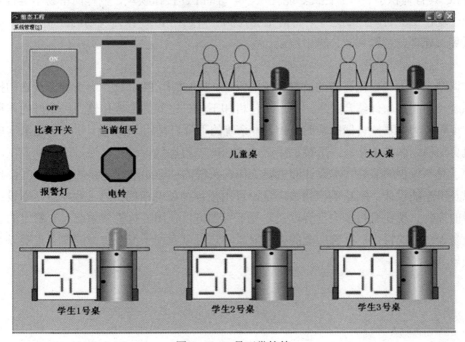

图 2-49 3 号正常抢答

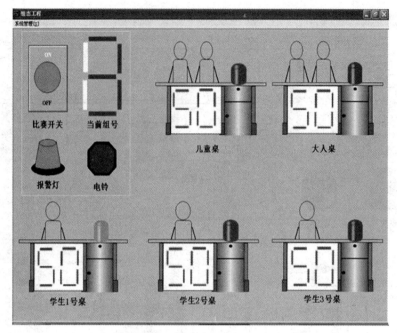

图 2-50 3 号正常抢答 2 s 后

小　结

　　PLC 具有体积小、可靠性高、能耗低、丰富的 I/O 接口模块、编程简单易学等优点，广泛应用于现在工业自动控制之中。目前工业控制中常选用 PLC 作为现场的控制设备，用于数据的采集与处理、逻辑判断、输出控制。

　　本课题为智力竞赛抢答器的监控系统的设计，要求利用 PLC 设计一个智力竞赛的抢答器控制系统，和组态软件结合起来，通过上位机和下位机之间的数据传输，以良好的人机交互界面实现对智力竞赛抢答器的实时监控。本系统的下位机是用 PLC 设计的，它比数字电路和单片机更加稳定和易于修改，上位机采用 MCGS6.2 组态软件设计，通过连接和调试，成功地实现了对下位机的监控。本设计的主要工作和关键的环节是硬件电路的设计、PLC 程序的编写以及组态的设计。PLC 的应用很广泛，可用于各种类型和规模的工业控制，本设计属于小规模的控制，现在有很多的竞赛以及电视节目都可以使用。抢答器系统具有稳定的工作能力以及易于修改的特点，有着广泛的应用前景，它可以应用于很多类型的智力竞赛以及一些电视娱乐节目。

第3章 通过液体混合搅拌系统学习 MCGS

学习目标

- 熟悉用 MCGS 软件建立液体混合搅拌监控系统的整个过程。
- 掌握简单界面设计、完成动画连接及脚本程序编写。
- 学会用 MCGS 软件、PLC 联合调试液体混合搅拌监控系统。

3.1 控制要求与方案设计

在炼油、化工和制药等行业中，多种液体混合是必不可少的工序，而且也是其生产过程中十分重要的组成部分。但由于这些行业中多为易燃易爆、有毒有腐蚀性的物质，以致现场工作环境十分恶劣，不适合人工现场操作。另外，生产要求该系统要具有混合精确、控制可靠等特点，这也是人工操作和半自动化控制所难以实现的。所以为了帮助相关行业，特别是其中的中小型企业实现多种液体混合的自动控制，从而达到液体混合的目的，液体混合自动配料问题势必就是摆在我们眼前的一大课题。

3.1.1 控制要求

某液体混合控制系统设备，有 3 个进料阀 YV1、YV2、YV3；出料阀 YV4；搅拌电动机 M；加热器 H；3 个液位传感器 L1、L2、L3。要求用 MCGS 组态软件和 PLC 进行整体设计。

本系统要求实现以下控制要求：

（1）初始状态。容器是空的，各个阀门 YVl、YV2、YV3、YV4 均为 OFF，液位传感器 L1、L2、L3 均为 OFF，电动机 M 为 OFF，加热器 H 为 OFF。

（2）启动操作。按下启动按扭 SB0，开始下列操作：

① YV1=ON，液体 A 注入容器。当液面达到 L3 时，YV1=OFF，YV2=ON，即关闭 YV1 阀门，打开液体 B 的阀门 YV2。

② 当液面达到 L2 时，YV2=OFF，YV3=ON，即关闭 YV2 阀门，打开液体 C 的阀门 YV3。

③ 当液面达到 L1 时，YV3=OFF，M=ON，即关闭阀门 YV3，搅拌机 M 启动，开始搅拌。

④ 经 10 s 搅匀后，M=OFF，停止搅动，H=ON，加热器开始加热。

⑤ 当混合液温度达到某一指定值时，T=ON，H=OFF，停止加热，YV4=ON，开始放出混合液体。

⑥ 液面低于 L3 时，L3 从 ON 到 OFF，再经过 10 s，容器放空，YV4=OFF，开始下一循环。

（3）停止操作。按下停止按钮 SB1，无论处于什么状态均停止当前工作。

3.1.2 方案设计

整个设计过程是按实际工艺流程设计，为设备安装、运行和保护检修服务。系统在保证安全、可靠、稳定、快速的前提下，尽量做到经济、合理，减小设备成本。在方案的选择、元器件的选型时更多地考虑新技术、新产品。系统的可靠性要高，人机交互界面要友好，应具备数据存储和分析汇总的能力。系统利用 MCGS 在上位机建立运行画面，实现对下位机的监控，下位机则利用 PLC 编程对执行元件直接控制。

3.2 液体混合搅拌系统硬件电路设计

液体混合搅拌系统主要完成 3 种液体的自动混合搅拌并控制液体的温度，系统结构如图 3-1 所示。

该系统需要控制的元器件有： L1、L2、L3 为液位传感器，液面淹没该点时为 ON。YV1、YV2、YV3、YV4 为电磁阀，M 为搅拌电动机，T 为温度传感器，H 为加热器。所有这些元件的控制都属于开关量控制，可以通过引线与相应的控制系统连接从而达到控制效果。

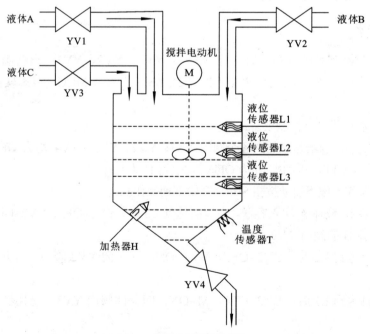

图 3-1 液体混合搅拌系统

3.2.1 系统硬件结构

1. 液位传感器的选择

选用光电液位传感器 LLE 系列,如图 3-2 所示。工作模式为传感器内部光反射原理,一个发光二极管和光接受三极管被包含在传感器前端的半球顶内,当没有液体时,光线反射到接收管通过球顶,当有液体时,光线在球顶内部发生部分折射出球体内,引起接收管输出变化。液位传感器具有开关量输出,安装在空间狭小位置,方便安装等特点。

图 3-2 液位传感器外观

2. 温度传感器的选择

选用 KTY81-210A 型温度传感器,如图 3-3 所示。其中"T"表示温度。KTY 系列温度传感器是具有正温度系数的热敏电阻温度传感器。采用进口 Philips 硅电阻元件精心制作而成,具有精度高,稳定性好,可靠性强,产品寿命长等优点,适用于小管道以及狭小空间高精度测温领域,可以对工业现场的温度进行连续测量与控制。

元件主要技术参数如下:

(1)测量温度范围为 −50 ℃~150 ℃。

(2)温度系数 TC 为 0.79%/K。

(3)精度等级为 0.5%。

(4)常温电阻为 2 kΩ。

图 3-3 温度传感器外观

3. 电磁阀的选择

选用 ZCW 型电磁阀,如图 3-4 所示。ZCW 电磁阀主要用在航天军工、石化电力、造船业、分析测量仪器、医疗器械、实验设备、精密仪器、焊接机器、环保设备、纺织机械、服装机械、清洗设备、喷灌系统、食品工业等自动化控制。ZCW 电磁阀主要技术参数如下所述。直动活塞型阀体材质:黄铜、304 不锈钢;接口尺寸:G1/4″;流量通径(直径):1~8 mm;控制方式:常闭式;工作压力:B10 级:0~10 bar;流体范围:气、水、油、蒸汽、制冷剂、腐蚀性流体;流体温度:-200℃~200℃;环境温度:-5℃~40℃;标准电压:AC 220 V、DC 24 V;功率消耗:8 V·A(AC)、8 W(DC);防护等级:IP65;防护性能:防水、防爆、防腐。这里电磁阀额定电压选择 DC 24 V。

图 3-4 电磁阀外观

3.2.2 PLC 的选择

在本控制系统中,所需的开关量输入和输出各为 6 点,考虑到系统的可扩展性和维修的方便性,选择模块式 PLC。由于本系统的控制是顺序控制,选用日本欧姆龙公司生产的

CPM2AH PLC 作控制单元来控制整个系统，如图 3-5 所示。之所以选择这种 PLC，主要考虑 CPM2AH 系列 PLC 是欧姆龙公司生产的小型整体式可编程控制器。其结构紧凑、功能强，具有很高的性能价格比，在小规模控制中已获广泛应用。

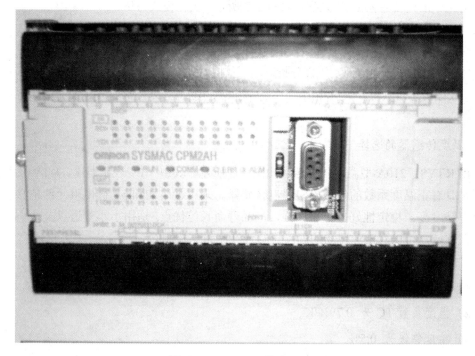

图 3-5   CPM2AH 系列 PLC

3.2.3   PLC 的 I/O 分配表的设计

I/O 地址分配如表 3-1 所示。

表 3-1   液体混合装置 I/O 地址分配

输入点地址	功　　能	输出点地址	功　　能
00000	SB0 启动按钮	01000	电磁阀 YV1
00001	L1 液位传感器	01001	电磁阀 YV2
00002	L2 液位传感器	01002	电磁阀 YV3
00003	L3 液位传感器	01003	电磁阀 YV4
00004	T 温度传感器	01004	搅拌电动机 M
00005	SB1 停止按钮	01005	加热器 H

3.2.4   PLC 外部接线图的设计

PLC 外部接线图如图 3-6 所示。

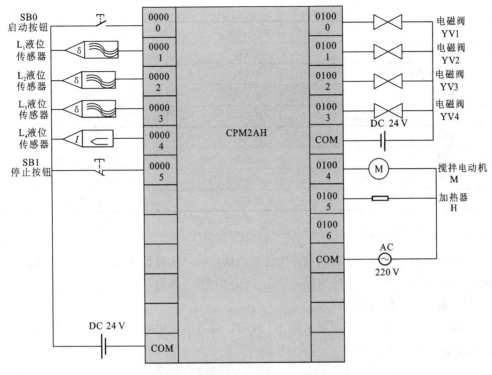

图 3-6 液体混合系统外部接线图

3.3 液体混合搅拌系统组态软件设计

液体混合搅拌监控系统选用 MCGS 组态软件在上位机主要完成工程画面的制作、脚本程序的编写以及进行系统的模拟仿真运行和调试。

3.3.1 创建工程

可以参考第 2 章的步骤建立工程,这里不再详述。

3.3.2 定义数据对象

1. 分配数据对象

分配数据对象即定义数据对象前需要对系统进行分析,确定需要的数据对象。本系统至少有 8 个数据对象,如表 3-2 所示。

表 3-2 数据对象分配表

对象名称	类型	注释
启动	开关型	SB0 启动按钮
停止	开关型	SB1 停止按钮
液面传感器 L1	开关型	液位传感器 L1
液面传感器 L2	开关型	液位传感器 L2

续表

对象名称	类型	注释
液面传感器 L3	开关型	液位传感器 L3
温度传感器	开关型	温度传感器 T
YV1	开关型	上料阀 YV1
YV2	开关型	上料阀 YV2
YV3	开关型	上料阀 YV3
YV4	开关型	放料阀 YV4
搅拌电动机 M	开关型	搅拌电动机 M
加热器 H	开关型	加热器 H

2. 定义数据对象步骤

（1）单击工作台中的"实时数据库"标签，切换到"实时数据库"选项卡，窗口中列出了已有系统内部建立数据对象的名称。单击工作台右侧"新增对象"按钮，在窗口的"数据对象"列表中，增加新的数据对象。

（2）选中对象，单击右侧"对象属性"按钮，或双击选中对象，则弹出"数据对象属性设置"对话框，如图 3-7 所示。

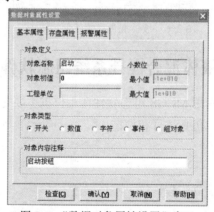

图 3-7 "数据对象属性设置"窗口

（3）将对象名称改为"启动"；对象类型选择"开关"；在对象内容注释文本框内输入"启动按钮"，单击"确认"按钮。

按照上述步骤，根据表 3-2，设置其他数据对象。

3.3.3 制作工程画面

1. 建立画面

（1）在工作台的"用户窗口"选项卡中单击"新建窗口"按钮，建立"窗口 0"。

（2）选中"窗口 0"，单击"窗口属性"按钮，弹出"用户窗口属性设置"对话框，如图 3-8 所示。

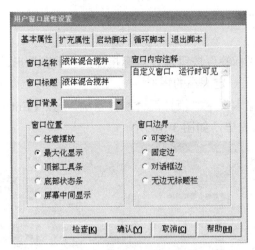

图 3-8 设置用户窗口的属性

（3）将"基本属性"选项卡的窗口名称改为"液体混合搅拌"；窗口标题改为"液体混合搅拌"；窗口位置选中"最大化显示"，其他不变，单击"确认"按钮，关闭对话框。

（4）在"用户窗口"选项卡中，"窗口 0"图标已变为"液体混合搅拌"。右击"液体混合搅拌"图标，在弹出的快捷菜单中选择"设置为启动窗口"命令，将该窗口设置为运行时自动加载窗口，则当 MCGS 运行时，将自动加载该窗口。

（5）单击工具条上"存盘"按钮。

2. 编辑画面

（1）进入编辑画面环境：

① 在"用户窗口"选项卡中，选中"液体混合搅拌"窗口图标，单击右侧"动画组态"按钮，进入动画组态窗口，如图 3-9 所示，开始编辑画面。

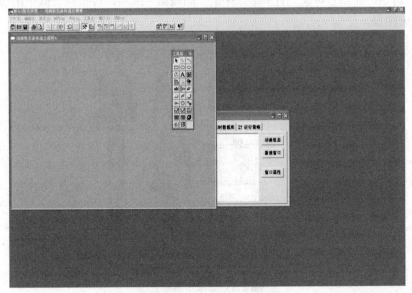

图 3-9 编辑画面环境

② 单击工具条中的"工具箱"按钮，打开绘图工具箱，如图 3-13 所示。

（2）制作文字框图：

① 单击工具箱中的"标签"按钮$\mathbf{A}$，鼠标指针呈"十字"形，在窗口顶端中心位置拖动鼠标，根据需要画出一个一定大小的矩形。

② 在光标闪烁位置输入文字"液体混合搅拌系统"，按【Enter】键或在窗口任意位置单击一下鼠标，文字输入完毕，如图 3-10 所示。

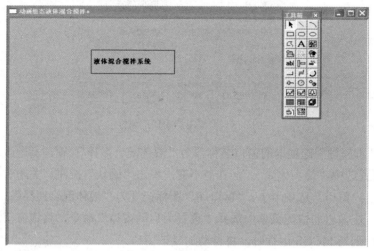

图 3-10　输入和编辑文字

③ 如果文字输错了或者输入文字的字形、字号、颜色、位置等不满意，可参考第 2 章进行相应的操作。

（3）制作物料罐：

① 单击绘图工具箱中的"插入元件"按钮，弹出"对象元件库管理"对话框。

② 选择对话框左侧"对象元件列表"中的"储藏罐"选项，右侧列表框中出现如图 3-11 所示的储藏罐图形。

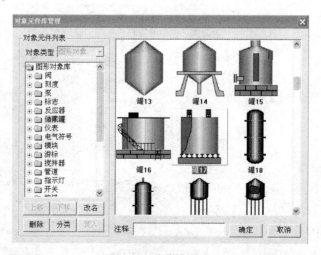

图 3-11　储藏罐图形

③ 单击右侧列表框内的罐 17，图像外围出现矩形，表明该图形被选中，单击"确定"按钮。

④ 将储藏罐调整为适当大小，放到适当位置。

⑤ 在储藏罐上面输入文字标签"物料罐"，单击工具条"存盘"按钮。

（4）制作电磁阀。单击"插入元件"按钮，选择"阀"元件库中的"阀 52"和"阀 53"，将大小和位置调整好。

（5）利用工具箱内的"流动块动画构件"按钮在电磁阀 YV1、YV2、YV3、YV4 和物料罐之间画流动块，如图 3-12 所示。

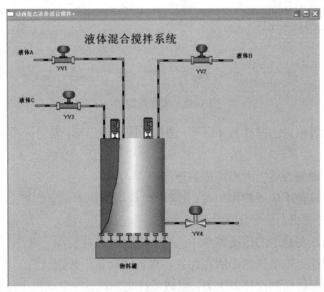

图 3-12　流动块效果图

① 单击"流动块"动画构件按钮，鼠标指针呈"十"字形，移动鼠标至窗口的预定位置，单击一下鼠标左键，移动鼠标，在鼠标指针后形成一道虚线，拖动一定距离后，单击鼠标左键，生成一段流动块。再拖动鼠标（可沿原来方向，也可垂直原来方向），生成下一段流动块。

② 双击鼠标左键或按【Esc】键，结束流动块绘制。

③ 需要修改流动块时，选中流动块（流动块周围出现选中标志：白色小方块），鼠标指针指向小方块，按住左键不放，拖动鼠标，即可调整流动块的形状。

④ 双击流动块，弹出"流动块构件属性设置"对话框，在"基本属性"选项卡中可以更改流动外观和流动方向。

（6）单击工具箱中的"标签"按钮，分别对阀、罐和液体进行文字注释。依次为：物料罐、YV1、YV2、YV3、YV4、液体 A、液体 B 和液体 C，如图 3-12 所示。

（7）单击"文件"菜单，选择"保存窗口"命令，保存画面。

（8）制作搅拌电动机：

① 单击工具箱中的"插入元件"按钮，弹出"对象元件库管理"对话框。

② 选择对话框左侧"对象元件列表"中的"搅拌器"选项，右侧列表框中出现如图 3-13 所示的搅拌器图形。

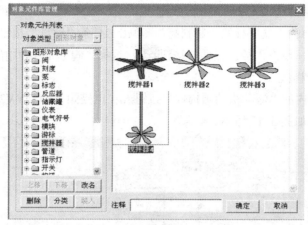

图 3-13　搅拌器图形

③ 单击右侧列表框内的搅拌器 4 图形，图像外围出现矩形，表明该图形被选中，单击"确定"按钮。

④ 将搅拌器 4 调整为适当大小，放到适当位置。

⑤ 单击绘图工具箱中的"位图"按钮，鼠标指针呈"十字"形，在画面空白位置上拖动鼠标，根据需要画出一个一定大小的方框。

⑥ 右击该方框，在弹出的快捷菜单中选择，选择"装载位图"命令。

⑦ 在文件名中输入电动机图形所在路径，单击"确认"按钮。

⑧ 将电动机图形移动到搅拌器上方，组成搅拌电动机，在电动机上面输入文字标签"搅拌电动机"，如图 3-14 所示。

⑨ 单击工具条上"存盘"按钮。

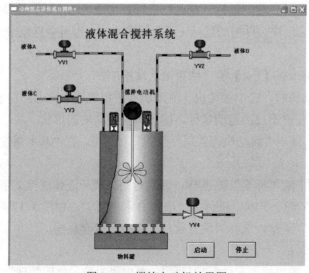

图 3-14　搅拌电动机效果图

（9）制作传感器：

① 单击绘图工具箱中的"插入元件"按钮，弹出"对象元件库管理"对话框。

② 选择对话框左侧"对象元件列表"中的"传感器"选项，选择右侧列表框中出现的"传感器 4"和"传感器 22"，将大小和位置调整好，单击"排列"菜单，选择"旋转"选项下的"右旋 90 度"命令。

③ 单击工具箱中的"标签"按钮 **A**，分别对液面传感器和温度传感器进行文字注释。依次为："液面传感器 L1"、"液面传感器 L2"、"液面传感器 L2"和"温度传感器 T"，如图 3-15 所示。

④ 单击工具条上"存盘"按钮。

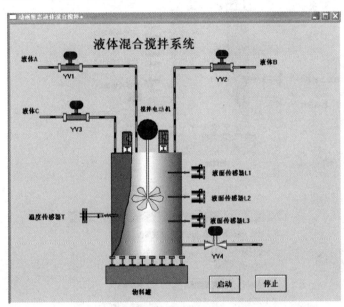

图 3-15　传感器效果图

（10）制作加热器：

① 单击工具箱中的"位图"的按钮，鼠标指针呈"十字"形，在画面空白位置上拖动鼠标，根据需要画出一个一定大小的方框。

② 右击该方框，在弹出的快捷菜单中选择"装载位图"命令。

③ 在文件名中输入加热器图形所在路径，单击"确认"按钮。

④ 调节加热器图形大小和位置，在加热器下面输入文字标签"加热器 H"，如图 3-16 所示。

⑤ 单击工具条上"存盘"按钮。

（11）制作按钮：

① 单击绘图工具箱中的"标准按钮"按钮，在画面中画出一定大小的按钮，调整其大小和位置。

② 双击该按钮，弹出"标准按钮构件属性设置"对话框，如图 3-17 所示。

③ 切换到"基本属性"选项卡进行设置。按钮标题文本框中输入"启动"；标题颜色选

择"黑色";标题字体设置为"宋体、加粗、小四";水平对齐选择"中对齐";垂直对齐选择"中对齐";按钮类型选择"标准3D按钮"。

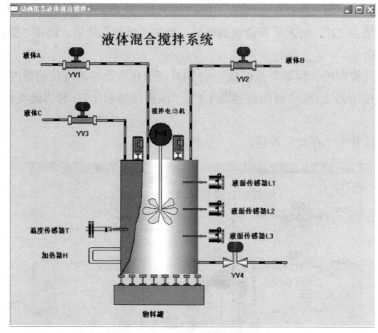

图 3-16　加热器效果图

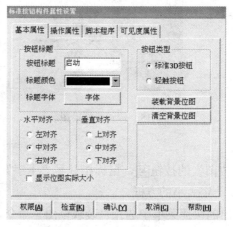

图 3-17　标准按钮构件属性设置

④ 单击"确认"按钮。

⑤ 对画好的按钮进行复制、粘贴，调整新按钮的位置。

⑥ 双击新按钮，在"基本属性"选项卡中将"按钮标题"的内容改为"停止"。

⑦ 调整位置和大小。

⑧ 单击工具条上"存盘"按钮。

（12）多个图形对象的排列。图形绘制完成后，常常感觉用【↑】、【↓】、【←】、【→】键或鼠标左键调整多个图形对象的位置，很不方便，这时可使用工具条中的"编辑条"按钮。

① 单击"编辑条"按钮，在工具条下出现辅助工具条（再次单击将取消该辅助工具条）。其中包括"左边界对齐"、"右边界对齐"、"顶边界对齐"等按钮。

② 选中一组图形对象。可以通过在用户窗口的背景上按住鼠标左键不放，再拖动鼠标来实现，此时，鼠标画出的矩形框所包围的所有对象都将被选取；也可以按住键盘上的【Shift】键，然后用鼠标左键依次单击各个对象，来选取一组对象。这里选中 3 个液面传感器。

③ 指定当前对象。当只有一个被选中的图形对象时，该对象即为当前对象。当有多个选中的图形对象时，手柄为黑色小矩形的图像对象为当前对象。所有的对齐命令，均以当前对象为基准进行操作。用鼠标单击被选中的图形对象时，可使该对象变为当前对象。

④ 执行位置调整。单击"左边界对齐" 按钮、"纵向等间距"按钮，会发现 3 个液面传感器的左边界对齐、纵向等间距。其他的调整与此类似。

（13）最后生成的画面如图 3-18 所示。

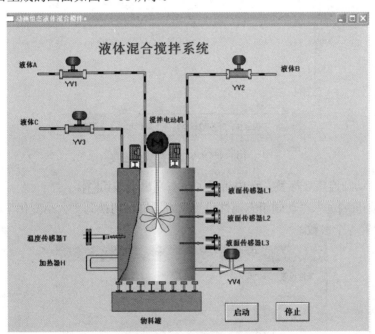

图 3-18　液体混合搅拌系统整体画面

3.3.4　动画连接

由图形对象搭制而成的图形画面是静止不动的，需要对这些图形对象进行动画设计，真实地描述外界对象的状态变化，达到过程实时监控的目的。MCGS 实现图形动画设计的主要方法是将用户窗口中图形对象与实时数据库中的数据对象建立相关性连接，并设置相应的动画属性。将画面上的对象与数据对象关联的过程叫动画连接。在系统运行过程中，图形对象的外观和状态特征，由数据对象的实时采集值驱动，从而实现了图形的动画效果。例如，当按下启动按钮后，电磁阀 YV1 打开，液体 A 流入物料罐。下面介绍物料罐中液面的升降、按钮的动画连接。

1. 液面升降效果

（1）在用户窗口中，双击"物料罐"，弹出"单元属性设置"对话框，单击"数据对象"标签。

（2）单击 ? 按钮，选中"物料罐液位"数据对象，双击确认，数据对象连接为"物料罐液位"，如图 3-19 所示。

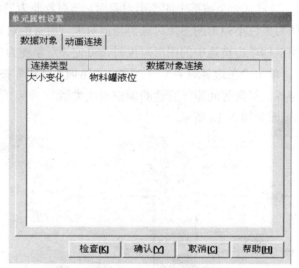

图 3-19   对物料罐进行数据连接

（3）单击"动画连接"标签，选中折线，在右端出现按钮 > 。

（4）单击按钮 > 进入"动画组态属性设置"对话框，切换到"大小变化"选项卡按照如图 3-20 所示设置各个参数。

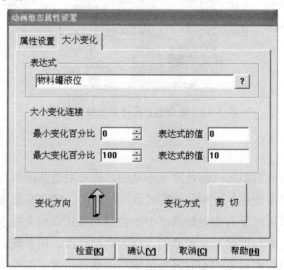

图 3-20   大小变化设置

（5）单击"确认"按钮，完成物料罐设置。

（6）单击工具条上"存盘"按钮。

2. 阀的启停

（1）双击"电磁阀 YV1"，弹出"单元属性设置"对话框。

（2）选中"数据对象"标签中的"按钮输入"，右端出现按钮 **?** ，单击按钮 **?** ，双击数据对象列表中的"YV1"。

（3）使用同样的方法将"可见度"对应的数据对象设置为"YV1"，如图 3-21 所示。

图 3-21　对阀进行数据对象连接

（4）单击"动画连接"标签，切换到"动画连接"选项卡，在"图元名"列，出现 5 个组合图符。

（5）选中第一个"组合图符"，右端出现 **?** 和 **>** 按钮。

（6）单击 **>** 按钮，弹出"动画组态属性设置"对话框。

（7）在"按钮动作"选项卡中，选中"数据对象值操作"，并设置为：取反、YV1。

（8）单击"确认"按钮。

（9）用同样方法设置其他 4 个组合图符,如图 3-22 所示。

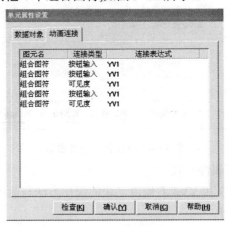

图 3-22　对阀进行动画连接

（10）单击工具条上"存盘"按钮。

（11）其他阀 YV2、YV3 和 YV4 启停效果的设置类似。

3. 水流效果

（1）双击"YV1 右侧的流动块"，弹出"流动块构件属性设置"对话框。

（2）切换到"基本属性"选项卡，按照图 3-23 所示进行设置。

图 3-23　水流基本属性设置

（3）切换到"流动属性"选项卡，按照图 3-24 所示进行设置。

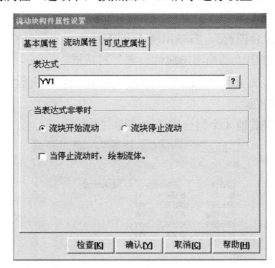

图 3-24　水流流动属性设置

（4）注意不要做可见度属性设置。

（5）阀 YV2 左侧、YV3 和 YV4 右侧流动块的制作方法与此相同，只需要将表达式相应改为 YV2，YV3，YV4 即可。

（6）单击工具条"存盘"按钮，按【F5】或单击工具条按钮，进入运行环境，操作阀 YV1、YV2、YV3 和 YV4，观察流动块的流动效果。如果流动方向有问题，可以返回组态环境，切换到"基本属性"选项卡修改流动方向设置。

4. 按钮效果

（1）双击"启动"按钮，弹出"标准按钮构件属性设置"对话框，切换到"操作属性"选项卡，如图 3-25 所示。

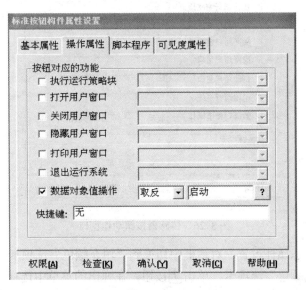

图 3-25　按钮操作属性连接

（2）选中"数据对象值操作"，单击第 1 个下拉列表框右侧的"▼"按钮，弹出"按钮动作"下拉列表，选择"取反"选项。"取反"的意思是：如果数据对象"启动"初始值为"0"，则在画面上单击按钮，数据对象变为"1"；再单击，值变为"0"，用来模拟带自锁的按钮。

（3）单击第 2 个下拉列表框右侧的 ? 按钮，弹出当前用户定义的所有数据对象列表，选择"启动"选项。

（4）用同样的方法建立"停止"与对应数据对象之间的动画连接。单击工具条"存盘"按钮。

5. 传感器效果

（1）双击"液面传感器 L1"，弹出"动画组态选择属性设置"对话框，选中"按钮动作"。

（2）切换到"按钮动作"选项卡，选中"数据对象值操作"，单击第 1 个下拉列表框右侧的"▼"按钮，弹出按钮动作下拉列表，选择"取反"选项。

（3）单击第 2 个下拉列表框的 ? 按钮，弹出当前用户定义的所有数据对象列表，选择"液面传感器 L1"选项，如图 3-26 所示。

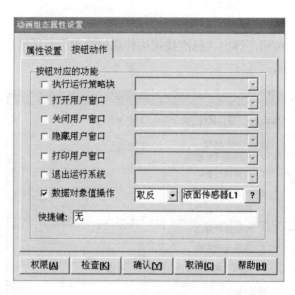

图 3-26　传感器按钮动作窗口

（4）在"动画组态属性设置"对话框中切换到"填充颜色"选项卡。

（5）进入"填充颜色"选项卡，单击 ? 按钮，在弹出的菜单中选择"液面传感器 L1"。单击"增加"按钮，将"填充颜色连接"项中"0"对应颜色设为"黑色"；"1"对应颜色设为"红色"，如图 3-27 所示。

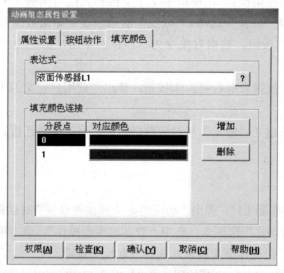

图 3-27　传感器填充颜色设置

（6）用同样的方法建立"液面传感器 L2"、"液面传感器 L3"、"温度传感器 T"与对应数据对象之间的动画连接。单击工具条"存盘"按钮。

6. 搅拌电动机和加热器效果

（1）双击"搅拌电动机 M"，弹出"单元属性设置"对话框。

（2）切换到"闪烁效果"选项卡，按照图 3-28 所示进行设置。

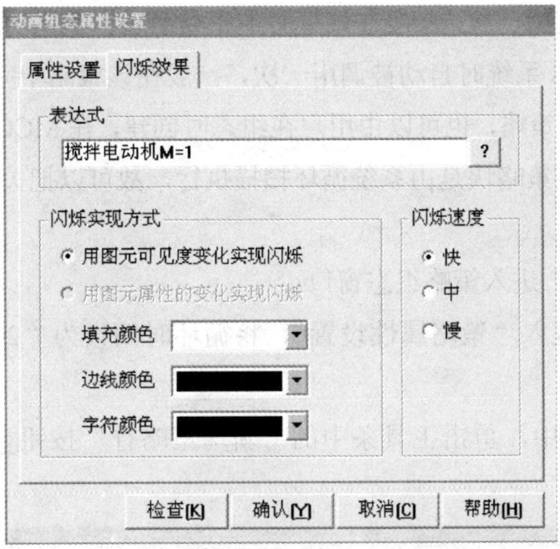

图 3-28 搅拌电动机闪烁效果窗口

（3）用同样的方法建立"加热器 H"与对应数据对象之间的动画连接，只需要将表达式改为"加热器 H=1"即可。单击工具条上"存盘"按钮。

3.3.5 模拟仿真运行与调试

本系统要求实现以下控制要求：

（1）按下启动按钮后 SB0，打开 YV1 进液体 A，当 L3 有输出时，关闭 YV1。

（2）打开 YV2，当 L2 有输出时，关闭 YV2。

（3）打开 YV3，当 L1 有输出时，关闭 YV3。

（4）搅拌电动机搅拌，延时 10 s。

（5）搅拌电动机停止工作，同时使加热器 H 工作，开始加热。

（6）当温度传感器 T 动作，停止加热，打开出料阀 Y4，在打开 YV4 时，YV1、YV2、YV3 不能打开。

（7）当液面下降到 L3 处，延时 10 s，关闭 YV4，重新开始下一循环。

（8）按下停止按钮 SB1 时，立即停止当前的工作。

从控制要求可以看出，控制过程大致是使各个电磁阀、搅拌电动机和加热器定时、顺序动作。让电磁阀、搅拌电动机和加热器动作很简单，只需要将相应的数据对象置"0"或置"1"即可。那么，如何实现定时功能呢？

1. 添加定时器

（1）在运行策略中添加定时器：

① 单击工具栏的"工作台"按钮 ，弹出工作台窗口。

② 切换到"运行策略"选项卡，如图 3-29 所示。"启动策略"为系统固有策略，在 MCGS 系统开始运行时自动被调用一次，一般在该策略中完成系统初始化功能。"退出策略"为系统固有策略，在退出 MCGS 系统时自动被调用一次，一般在该策略中完成系统善后处理功能。"循环策略"为系统固有策略，也可以由用户在组态时创建，在 MCGS 系统运行时按照设定的时间循环运行。由于该策略块是由系统循环扫描执行，故可以把关于流程控制的任务放在此策略块里处理。

③ 双击"循环策略"进入策略组态窗口。

④ 双击 图标进入"策略属性设置"，将循环时间设为"200 ms"，单击"确认"按钮。

⑤ 在策略组态窗口中，单击工具条中的"新增策略行"按钮 ，增加一策略行，如图 3-30 所示。

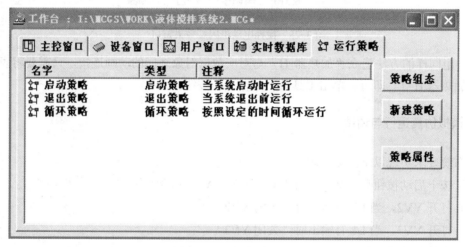

图 3-29 运行策略界面

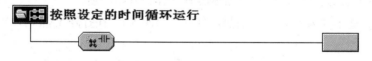

图 3-30 新增策略行

⑥ 在"策略工具箱"中选中"定时器"，鼠标指针移动到新增策略行末端的方块上，此时指针变为小手形状，单击该方块，定时器被加到该策略，如图 3-31 所示。

（2）新增定时器数据对象：

定时器以时间作为条件，当到达设定的时间时，条件成立一次，否则不成立。定时器功能构件通常用于循环策略块的策略行中，作为循环执行功能构件的定时启动条件。为了更好地控制定时器的运行，新增 4 个数据对象，如表 3-3 所示。

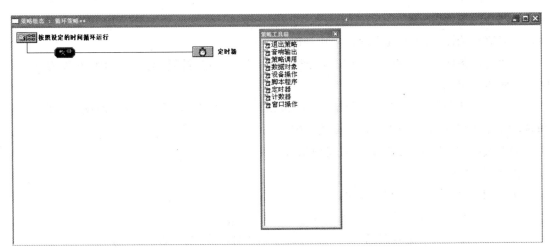

图 3-31 定时器策略

表 3-3 定时器数据对象

对 象 名 称	类 型	初 值	注 释
定时器启动	开关型	0	控制定时器的启停，1 启动，0 停止
计时时间	数值型	0	定时器计时时间
时间到	开关型	0	定时器定时时间到为 1，否则为 0
定时器复位	开关型	0	1 定时器复位，重新计时

（3）定时器属性设置：

① 双击新增策略行末端定时器方块，弹出定时器属性设置对话框，按照如图 3-32 所示设置定时器参数。

图 3-32 设置定时器

② "设定值" 文本框中填入 "10"，表示定时器设定时间为 10 s。

③ "当前值" 文本框中，单击对应 ? 按钮，在弹出的数据对象列表中双击 "计时时间"，此时 "当前值" 表示定时器计时时间的当前值。

④ "计时条件"文本框中，单击对应 **?** 按钮，双击"定时器启动"，表示该对象为"1"时，定时器开始计时；为"0"时，停止计时。

⑤ "复位条件"文本框中，单击对应 **?** 按钮，双击"定时器复位"，表示该对象为"1"时，定时器复位。

⑥ "计时状态"文本框中，单击对应 **?** 按钮，双击"时间到"，当计时时间超过设定时间时，"时间到"对象将为"1"，否则为"0"。

⑦ "内容注释"文本框中输入"定时器"。

⑧ 单击"确认"按钮。

⑨ 单击工具条上"存盘"按钮。

（4）定时器特性观察：

为了更方便地观察定时器的时间，在原画面上增加一个"计时时间"显示。

① 单击工具箱中的"标签"按钮 **A**，鼠标指针呈"十字"形，在画面空白位置上拖动鼠标，根据需要画出一个一定大小的方框。

② 在方框内输入文字"计时时间"，双击方框，弹出"动画组态属性设置"窗口。

③ 在"输入输出连接"一栏中选择"显示输出"。

④ 切换到"显示输出"选项卡。

⑤ 按照图 3-33 进行显示输出设置。在定时器运行时，可以显示计时时间。

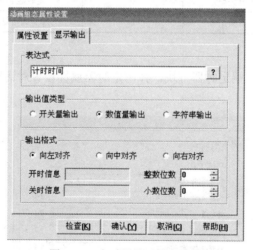

图 3-33　定时器显示输出设置

2. 编写脚本程序

（1）根据液体混合搅拌系统要求，完成一个循环需 50 s，首先将定时器定时时间修改为 50。

（2）将脚本程序添加到策略行。

① 进入"循环策略组态"窗口，单击工具条中的"新增策略行"按钮，增加一新策略行。

② 在"策略工具箱"中选中"脚本程序"，鼠标移动到新增策略行末端的方块，此时光标变为小手形状，单击该方块，脚本程序被加到该策略。

③ 鼠标单击选中该策略行，单击工具栏上的"向下移动"按钮，脚本程序上移到定时器行上，如图 3-34 所示。

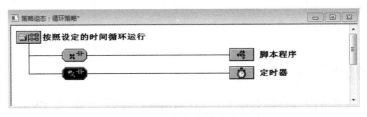

图 3-34　新增脚本程序策略行

④ 双击"脚本程序"策略行末端的方块，出现"脚本程序"编辑窗口，在图中窗口输入脚本程序。

（3）参考脚本程序清单。

① 按下启动按钮后 SB0，打开 YV1 进液体 A。

```
IF 启动=1 AND 停止=0  THEN
YV1=1
物料罐液位=物料罐液位+0.05
ENDIF
```

② 当 L3 有输出时，关闭 YV1，打开 YV2。

```
IF 液面传感器 L3=1 THEN
YV1=0
YV2=1
ENDIF
```

③ 当 L2 有输出时，关闭 YV2，打开 YV3。

```
IF 液面传感器 L2=1 THEN
YV1=0
YV2=0
YV3=1
ENDIF
```

④当 L1 有输出时，关闭 YV3，搅拌电动机搅拌。

```
IF 液面传感器 L1=1 THEN
YV1=0
YV2=0
YV3=0
YV4=0
搅拌电动机 M=1
加热器 H=0
定时器复位=0
定时器启动=1
ENDIF
```

⑤ 延时 10 s 后，搅拌电动机停止工作，同时使加热器 H 工作，开始加热。

```
IF 时间到=1 THEN
搅拌电动机 M=0
加热器 H=1
ENDIF
```

⑥ 当温度传感器 T 动作，停止加热，打开出料阀 YV4，在打开 YV4 时，YV1、YV2、YV3 不能打开。

```
IF 温度传感器=1 THEN
加热器 H=0
搅拌电动机 M=0
YV4=1
物料罐液位=物料罐液位-0.05
ENDIF
```

⑦ 当液面下降到液面传感器 L3，L3 没有输出时，延时 10 s，关 YV4。

```
IF 液面传感器 L3=0 AND 温度传感器=1 THEN
YV1=0
YV2=0
YV3=0
定时器复位 1=0
定时器启动 1=1
ENDIF
IF 时间到 1=1 THEN
加热器 H=0
搅拌电动机 M=0
YV4=0
ENDIF
```

⑧ 按下停止按钮 SB1 时，立即停止当前的工作。

```
IF 停止=1 THEN
YV1=0
YV2=0
YV3=0
YV4=0
搅拌电动机 M=0
加热器 H=0
定时器复位=1
ENDIF
```

（4）调试程序：

① 以 IF…ENDIF 为一段，分段输入并调试程序。

② 单击"检查"按钮，进行语法检查。如果报错，修改到无语法错误。

③ 单击工具条上"存盘"按钮，进入运行环境，观察动作效果是否正确，如果有误，重新进行调整。

④ 修改直至动作效果正确。

⑤ 再输入其他段程序，并调试。

⑥ 全部程序分段调试结束后，再进行整体调试。

3.4 MCGS 组态软件和欧姆龙 CPM2AH 系列 PLC 的通信调试

液体混合搅拌监控系统以欧姆龙 CPM2AH 系列 PLC 为控制单元，利用 MCGS 组态软件将控制系统的控制状态可视化，通过上位机实时接收和处理现场信号，并驱动上位机控制界面中的图形控件，使监控画面实时显示现场状态，进而实现远程控制。

首先建立 MCGS 组态软件与欧姆龙 CPM2AH 系列 PLC 之间的通信连接，用欧姆龙编程电缆连接 PLC 与上位 PC。在组态软件的设备窗口中加入通用串口父设备及欧姆龙 PLC，组态完成之后，进入运行环境就能实现对液体混合搅拌系统的上位机监控功能。

3.4.1　编制并调试 PLC 的控制程序

（1）编辑图 3-35 所示的梯形图程序。

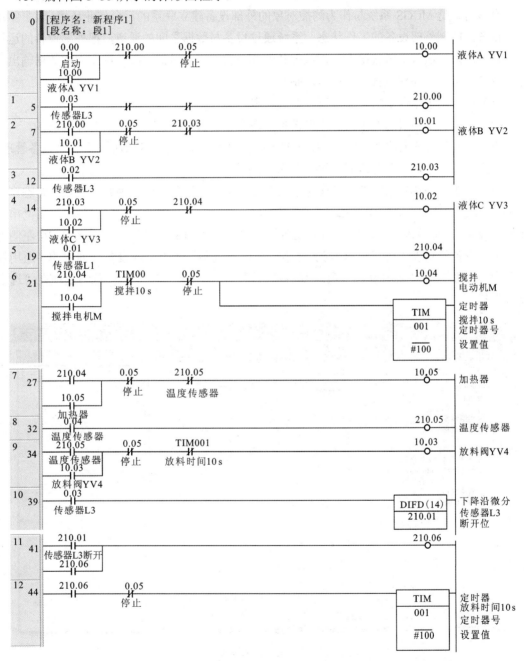

图 3-35　PLC 控制程序

（2）按照图 3-35 进行 PLC 程序调试，直至调试结果正确。

3.4.2 添加 PLC 设备

在 MCGS 系统中，由设备窗口负责建立系统与外部硬件设备的连接，使得 MCGS 能从外部设备读取数据并控制外部设备的工作状态，实现对应工业过程的实时监控。因此 MCGS 与 PLC 设备的联接是通过设备窗口完成的，具体操作如下。

设备窗口是 MCGS 系统与作为测控对象的外部设备建立联系的后台作业环境，负责驱动外部设备，控制外部设备的工作状态。系统通过设备与数据之间的通道，把外部设备的运行数据采集进来，送入实时数据库，供系统其他部分调用，并且把实时数据库中的数据输出到外部设备，实现对外部设备的操作与控制。

（1）切换到工作台中的"设备窗口"选项卡。

（2）单击"设备组态"按钮，弹出设备组态窗口，窗口内为空白，没有任何设备。

（3）单击工具条上的"工具箱"按钮，弹出"设备工具箱"对话框，单击"设备管理"按钮，弹出"设备管理"对话框，如图 3-36 所示。

（4）在 MCGS 中 PLC 设备是作为子设备挂在串口父设备下的，因此在向设备组态窗口中添加 PLC 设备前，必须先添加一个串口父设备。欧姆龙 PLC 的串口父设备可以用"串口通信父设备"，也可以用"通用串口父设备"。"通用串口父设备"可以在图 3-36 左侧所示"可选设备"列表中可以直接看到。"串口通信父设备"在"可选设备"列表的"通用设备"中，需要打开"通用设备"项。双击"通用串口父设备"项，该设备将出现在"选定设备"栏。

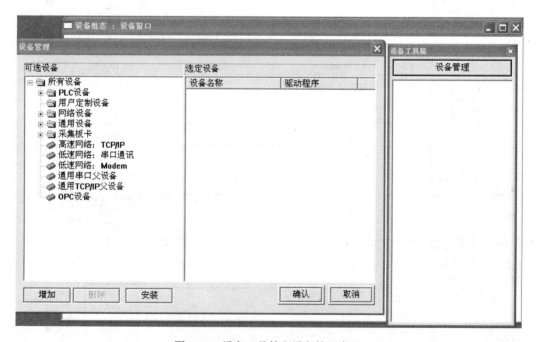

图 3-36　设备工具箱和设备管理窗口

（5）双击"PLC 设备"，弹出能够与 MCGS 通信的 PLC 列表。选择"欧姆龙"→"HostLink"
→"扩展 Omron HostLink"选项，双击"扩展 Omron HostLink"图标，该设备也被添加到"选
定设备"栏。

（6）单击"确认"按钮，"设备工具箱"列表中出现以上两个设备。

（7）双击"通用串口父设备"，再双击"扩展 OmronHostLink"设备，它们被添加到左侧
"设备组态"窗口中，如图 3-37 所示。至此完成设备的添加。

（8）单击工具条上"存盘"按钮。

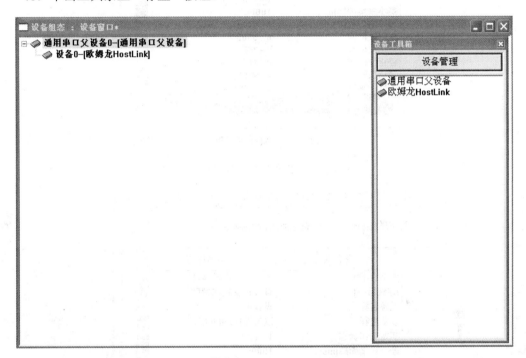

图 3-37　添加扩展 OmronHostLink 设备

3.4.3　设置 PLC 设备属性

（1）双击左侧"设备窗口"的"通用串口父设备 0-[通用串口父设备]"，进入"通用串口
设备属性编辑"窗口。在"基本属性"选项卡中做如图 3-38 所示的设置。串口父设备用来设
置通信参数和通信端口。

（2）通信参数必须设置成与 PLC 的设置一样。否则就无法通信。欧姆龙 PLC 常用的通
信参数：通信波特率 6-9600，0-1 位停止位，2-偶校验，0-7 位数据位。

（3）单击"确认"按钮，返回设备组态窗口。

（4）双击"设备 0-[扩展 Omron HostLink]"，在"基本属性"选项卡中进行如图 3-39 所
示的设置。采集周期：为运行时 MCGS 对设备进行操作的时间周期，单位为 ms，一般在静
态测量时设为 1 000 ms，在快速测量时设为 200 ms。初始工作状态：用于设置设备的起始工
作状态，设置为启动时，在进入 MCGS 运行环境时，MCGS 即自动开始对设备进行操作，设
置为停止时，MCGS 不对设备进行操作，但可以用 MCGS 的设备操作函数和策略在 MCGS

运行环境中启动或停止设备。PLC 地址的设置：如为直接 RS-232 方式时 PLC 地址设为 0，采用适配器时 PLC 地址由自己设置，这里 PLC 地址设为 0。

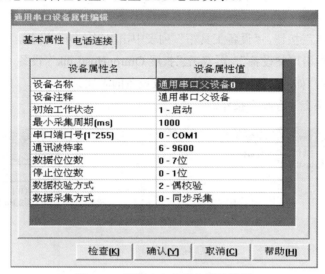

图 3-38　通用串口父设备属性设置

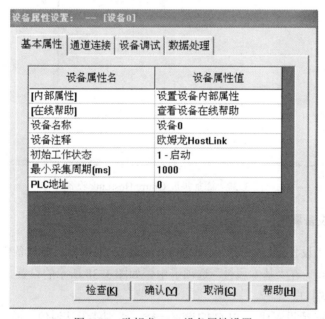

图 3-39　欧姆龙 PLC 设备属性设置

（5）单击"[内部属性]"之后出现的■按钮，列出了 PLC 的通道及其含义。内部属性用于设置 PLC 的读写通道，以便后面进行设备通道连接，从而把设备中的数据送入实时数据库中的指定数据对象或把数据对象的值送入设备指定的通道输出。欧姆龙 PLC 设备构件把 PLC 的通道分为只读、只写、读写 3 种情况，只读用于把 PLC 中的数据读入到 MCGS 的实时数据库中，只写通道用于把 MCGS 实时数据库中的数据写入到 PLC 中，读写则可以从 PLC 中读数据，也可以往 PLC 中写数据。本设备构件可操作 PLC 的：IR/SR(位操作读写)；LR（数据链接），HR，AR，TC，PV（定时计数）DM（数据寄存器）。

（6)IR0000.00 表示内部继电器区输入继电器 0.00。现在需要增加输出继电器 10.00～10.05 和定时器 TIM000～TIM001。单击"增加通道"，弹出"增加通道"窗口，按照图 3-40 设置。"删除一个"可以删除通道，当读写类型不变，只需要通道地址递增时，可以用"索引拷贝"快速添加通道。

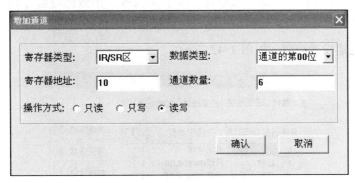

图 3-40　增加通道

（7）单击"确认"按钮，弹出"扩展 Omron HostLink 通信属性设置"对话框，可以看到增加了 6 个输出通道和两个定时器。如图 3-41 所示。

（8）单击"确认"按钮，返回到"基本属性设置"页。

图 3-41　添加通道

3.4.4　设备通道连接

本构件对 PLC 设备的调试分为读和写两个部分，如在"通道连接"选项卡中，显示的是读 PLC 通道，则在"设备调试"选项卡中显示的是 PLC 中这些指定单元的数据状态；如在

"通道连接"选项卡中显示的是写 PLC 通道，则在"设备调试"选项卡，把对应的数据写入到指定单元 PLC 中。注意：对于读写的 PLC 通道，在设备调试时不能往下写。

（1）切换到"通道连接"选项卡，按照表 3-1 的 I/O 分配进行设置。

（2）选中通道 1，双击"对应数据对象"栏，在其中输入在实时数据库中建立的与之对应的数据名"启动"，单击"确认"按钮就完成了 MCGS 中的数据对象与 PLC 内部寄存器间的连接,具体的数据读写将由主控窗口根据具体的操作情况自动完成。

（3）其他通道设置类似，如图 3-42 所示。

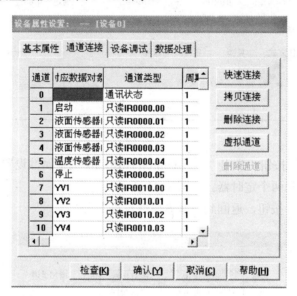

图 3-42　通道连接

3.4.5　设备调试

（1）将欧姆龙 CPM2AH 系列 PLC 上的开关拨至 RUN，按下"启动"按钮后，观察 PLC 输出是否正确，如果运行不正确，进入 CX-Programmer 环境，使 PLC 运行后调试，直至运行正确，退出该环境。

（2）检查 MCGS 运行策略中的脚本程序是否正确，确定后进入 MCGS 运行环境。

（3）观察 MCGS 监控画面中各个电磁阀、搅拌电动机和加热器动作是否正确。如果不正确，查找原因并修正。

（4）退出 MCGS 运行环境，完成调试工作。

小　结

PLC 具有可靠性高、抗干扰能力强、灵活性好等优点，因此 PLC 的应用几乎覆盖了所有工业企业。同时由于工业控制过程日益复杂，控制要求越来越高，比如，对现场的监视，对数据的显示、监视等。本项目选用欧姆龙的 CPM2AH 系列 PLC 作为下位机对现场的数据进行采集，通过 PLC 的硬件设计和软件编程，对液体混合搅拌系统实现了电磁阀、搅拌电动机和加热器等的自动控制。上位机中通过 MCGS 的编程，实现了现场工作状态的显示，现场数据的显示、记录和存档，实现监控功能。

基于 MCGS 的 PLC 控制系统能充分利用计算机软件功能，利用其庞大的标准图形库，完备的绘图工具集以及丰富的多媒体支持，"调用"或"制造"出各种现场设备和仪表，快速开发出漂亮、生动的工程画面。与 PLC 相配合，真实地再现了现场运行过程，有很好的可视性，确保了液体混合搅拌系统能够安全、可靠、稳定地运行。

第**4**章 通过交通灯系统学习MCGS

学习目标

- 熟悉用 MCGS 软件建立交通灯系统的整个过程。
- 掌握简单界面设计、完成动画连接及脚本程序编写。
- 学会用 MCGS 软件、PLC 联合调试交通灯系统。

4.1 控制要求与方案设计

随着城市建设的不断发展和人民生活水平的不断提高，汽车已成为人们日常生活中必不可少的交通工具。交通管理将显得越来越重要，交通灯是保证公路交通顺畅必不可少的一种标志，因此它在我们的生活中变的十分重要，一旦交通灯出现故障就可能酿成重大的交通事故，因此十字路口交通灯控制系统的设计必须有很高的可靠性和抗干扰性。

针对上述问题，本项目以组态软件 MCGS 为开发平台，建立下位机 PLC 和上位机 PC 之间的数据传输良好的人机界面，使组态界面上的图形对象与现场执行设备 PLC 建立一一对应的关系，以便操作员在上位机的界面就可以对现场交通信号和实时数据记录进行操作与监控。

4.1.1 控制要求

本系统要求实现以下控制要求：当启动按钮按下时，先南北红灯、东西绿灯亮，此时东西方向的车辆运行，延时 13 s 东西绿灯变为闪烁状态，闪烁 5 s 后跳到黄灯亮，此时东西方向的车辆停止运行，东西黄灯亮 3 s 后，变为东西红灯、南北绿灯亮，则南北方向车辆运行，延时 13 s 南北绿灯变为闪烁，闪烁 5 s 后跳到南北黄灯亮，则南北方向的车辆停止运行，南北黄灯亮 3 s 后，再回到南北红灯、东西绿灯亮的状态，循环下去。无论运行到哪个状态当停止按钮按下时，所有的灯都处于不亮状态。

4.1.2 方案设计

传统的城市交通信号实时控制采取单片机控制系统或数字逻辑电路等多种控制方式。这些控制各有侧重，但它们普遍存在着抗干扰能力差，用户修改方案困难等缺点。本系统主要采用欧姆龙 CPM2AH 系列 PLC 和 MCGS 组态软件联合设计十字路口交通灯控制系统，并对 PLC 交通灯的运行进行实时监控。使系统具有运行可靠，抗干扰能力强，易于用户修改和实时监控等特点并具有一定的实用价值。

4.2　交通灯系统硬件电路设计

在十字路口的东西方向和南北方向各设有红、黄、绿 3 个信号灯，各信号灯按照预先设定的时序轮流点亮或熄灭，其运行状态时序图如图 4-1 所示。

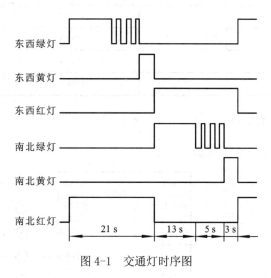

图 4-1　交通灯时序图

4.2.1　总体结构

交通灯系统硬件结构如图 4-2 所示。

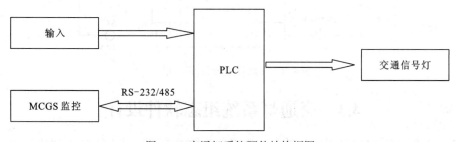

图 4-2　交通灯系统硬件结构框图

4.2.2　PLC 的选择

本系统中上位机部分为 MCGS 组态软件部分，而下位机则为 PLC 的编程控制部分。系统共有开关型输入量 2 个，开关型输出量 6 个，选用欧姆龙 CPM2AH 系列 PLC 作为下位机的硬件控制部分。

4.2.3　PLC 的 I/O 分配表的设计

I/O 地址分配如表 4-1 所示。

表 4-1　交通灯 I/O 地址分配

输入点地址	功　能	输出点地址	功　能
00000	启动按钮	01000	东西红灯 H1
00001	停止按钮	01001	东西绿灯 H2
		01002	东西黄灯 H3
		01003	南北红灯 H4
		01004	南北绿灯 H5
		01005	南北黄灯 H6

4.2.4　PLC 外部接线图的设计

PLC 外部接线图，如图 4-3 所示。

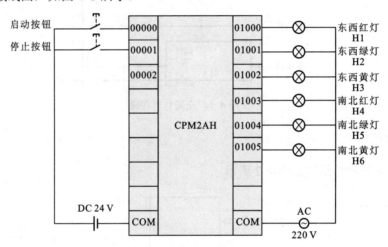

图 4-3　交通灯系统外部接线图

4.3　交通灯系统组态软件设计

交通灯系统选用 MCGS 组态软件在上位机主要完成工程画面的制作、脚本程序的编写以及进行系统的模拟仿真运行和调试。

4.3.1　创建工程

建立工程的步骤如下：

（1）双击桌面 MCGS 组态环境图标，进入组态环境，屏幕中间窗口为工作台。

（2）单击"文件"菜单，选择"新建工程"命令，如果 MCGS 安装在 D 盘根目录下，则会在 D:\MCGS\WORK\下自动生成新建工程，默认的工程名为："新建工程 X.MCG"（X 表示新建工程的顺序号，如 0、1、2 等）。

（3）单击"文件"菜单，选择"工程另存为"命令，弹出"保存为"对话框。

（4）在"文件名"文本框中输入"交通灯系统"，单击"保存"按钮，工程创建完毕。

4.3.2　定义数据对象

1.　分配数据对象

本系统至少要有 8 个数据对象，如表 4-2 所示。

表 4-2　数据对象分配表

对 象 名 称	类　型	注　释
启动	开关型	启动按钮
停止	开关型	停止按钮
Q1	开关型	南北红灯
Q2	开关型	东西绿灯
Q3	开关型	东西黄灯
Q4	开关型	东西红灯
Q5	开关型	南北绿灯
Q6	开关型	南北黄灯
a	数值型	存放定时器当前值
东西货车	数值型	东西方向货车位置
南北货车	数值型	南北方向货车位置

2.　定义数据对象步骤

（1）单击工作台中的"实时数据库"标签，切换到"实时数据库"选项卡，窗口中列出了已有系统内部建立数据对象的名称。单击工作台右侧"新增对象"按钮，在窗口的数据对象列表中，增加新的数据对象。

（2）选中对象，单击右侧"对象属性"按钮，或双击选中对象，则打开"数据对象属性设置"对话框，根据表 4-2，依次设置数据对象。

4.3.3　制作工程画面

1.　建立画面

（1）在工作台"用户窗口"选项卡中单击"新建窗口"按钮，建立"窗口 0"。选中"窗口 0"，单击"窗口属性"按钮，弹出"用户窗口属性设置"对话框。

（2）切换到"基本属性"选项卡，将窗口名称改为"交通灯"；窗口标题改为"交通灯"；窗口位置选中"最大化显示"，其他不变，单击"确认"按钮，关闭窗口。

（3）在"用户窗口"中，"窗口 0"图标已变为"交通灯"。选中"交通灯"，右击鼠标，在弹出的快捷菜单中选择"设置为启动窗口"命令，将该窗口设置为运行时自动加载的窗口，则当 MCGS 运行时，将自动加载该窗口。

（4）单击工具条上"存盘"按钮。

2.　编辑画面

（1）选中"交通灯"窗口图标，单击"动画组态"按钮，进入动画组态窗口，开始编辑画面。

（2）单击工具条上的"工具箱"按钮，打开绘图工具箱。

（3）单击工具箱中的"标签"按钮 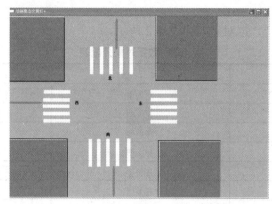，鼠标指针呈"十字"形，在窗口中画出 4 个矩形并双击矩形框弹出"动画组态属性设置"对话框填充颜色，如图 4-4 所示。

图 4-4　道路界面

（4）单击工具箱中的"插入元件"按钮 ，弹出"对象元件库管理"对话框，从"对象元件库管理"对话框中选择货车和树，放到合适位置，效果如图 4-5 所示。

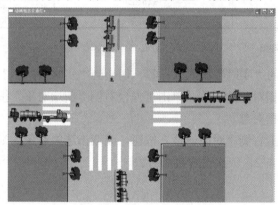

图 4-5　货车和树的画面

（5）从"对象元件库管理"对话框中分别选择交通灯和管道，放到合适位置，最终生成的画面如图 4-6 所示。

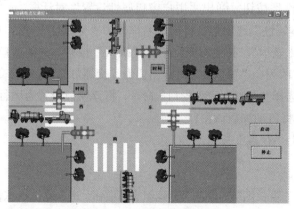

图 4-6　交通灯组态效果图

4.3.4　动画连接

1．交通灯设置

东西方向的交通运行情况相同，因此交通灯的动画连接相同，同样南北方向的交通灯动画连接也是一样。

（1）在动画组态窗口中，双击东边方向的交通灯，弹出"单元属性设置"对话框，单击"数据对象"标签。依次单击三行可见度右侧 ? 按钮，分别选中"Q4"、"Q3"、"Q2"数据对象，双击确认，数据对象分别连接为"Q4"、"Q3"、"Q2"。

（2）单击"动画连接"标签，选中第 3 行的三维圆球，在右端出现按钮 > 。

（3）单击按钮 > 进入"动画组态属性设置"对话框，切换到"属性设置"选项卡选中"可见度"和"闪烁效果"选项，由于 0～13 s 东西绿灯亮，13～18 s 东西绿灯闪烁，其设置如图 4-7 和图 4-8 所示。

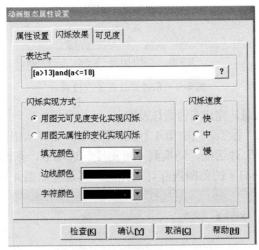

图 4-7　东西绿灯闪烁效果设置

图 4-8　东西绿灯可见度设置

（4）单击"确认"按钮，完成东西绿灯设置。

（5）单击"动画连接"标签，选中第2行的三维圆球，在右端出现按钮 ▶ 。单击按钮 ▶ 进入"动画组态属性设置"对话框，切换到"可见度"选项卡，东西黄灯是在绿灯闪烁结束后开始亮的，亮3 s即a在19～21 s的范围内黄灯是亮的，其设置如图4-9所示。

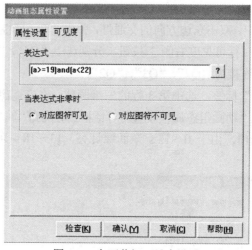

图4-9　东西黄灯可见度设置

（6）单击"确认"按钮，完成东西黄灯设置。

（7）单击"动画连接"标签，选中第1行的三维圆球，在右端出现按钮 ▶ 。单击按钮 ▶ 进入"动画组态属性设置"对话框，切换到"可见度"选项卡，东西红灯是在黄灯灭后开始亮的，亮18 s即a在22～41 s的范围内红灯是亮的。其设置如图4-10所示。

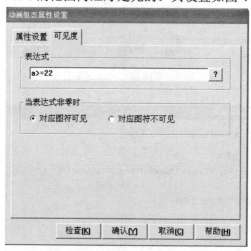

图4-10　东西红灯可见度设置

南北方向的交通灯动画连接与之类似。

2. 车辆的设置

本系统中当东西方向绿灯亮时其对应方向的汽车开动，红灯亮时则停止运动；同样南北方向绿灯亮时，对应方向的汽车开动，红灯亮时停止运动。

（1）双击西边方向上的货车，弹出"单元属性设置"对话框，单击"数据对象"标签。

（2）选中"数据对象"选项卡中的"水平移动"选项，右端出现浏览按钮 [?]，单击按钮 [?]，双击数据对象列表中的"东西货车"。

（3）单击"动画连接"标签，进入该选项卡，在"图元名"列，选中"组合图符"，右端出现 [?] 和 [>] 按钮。

（4）单击 [>] 按钮，弹出"动画组态属性设置"对话框。

（5）切换到"属性设置"选项卡"位置动画连接"选择"水平移动"。

（6）切换到"水平移动"选项卡，进行参数设置，如图 4-11 所示。

图 4-11 西边方向货车动画连接

（7）对北边方向上的货车进行"垂直移动"设置，具体参数设置如图 4-12 所示。

图 4-12 北边方向货车动画连接

（8）东边和南边方向的货车的动画连接可类似设置。

（9）单击工具条上"存盘"按钮。

4.3.5 模拟仿真运行与调试

本系统流程图如图 4-13 所示。

从系统流程图可以看出，本系统主要用定时器来控制交通灯的亮闪情况，定时器 a 的范围是 0~44。那么，如何实现定时功能呢？

1. 定时器控制

（1）定时器的控制如下：

```
!TimerSetLimit(1,44,0)
!TimerSetOutput(1,a)
if 启动=0 or 停止=1 then
Q1=0
Q2=0
Q3=0
Q4=0
Q5=0
Q6=0
!TimerReset(1,0)
!TimerStop(1)
endif
```

（2）定时器特性观察。为了更方便地观察定时器的时间，在原画面上增加两个"时间"显示。

① 单击工具箱中的"标签"按钮 **A**，鼠标指针呈"十字"形，在画面空白位置上拖动鼠标，根据需要画出一个一定大小的方框。

② 在方框内输入文字"时间"，双击方框，弹出"动画组态属性设置"对话框。

③ 在"输入输出连接"一栏中选择：显示输出。

④ 切换到"显示输出"选项卡。

⑤ 按照图 4-14 进行显示输出设置。在定时器运行时，可以显示计时时间。

2. 编写脚本程序

（1）将脚本程序添加到策略行。双击"脚本程序"策略行末端的方块，出现"脚本程序编辑"窗口，在窗口中输入以下参考脚本程序。

① 定时器控制程序。

```
!TimerSetLimit(1,44,0)
!TimerSetOutput(1,a)
if 启动=0 or 停止=1 then
Q1=0
Q2=0
Q3=0
Q4=0
Q5=0
```

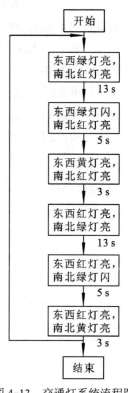

图 4-13　交通灯系统流程图

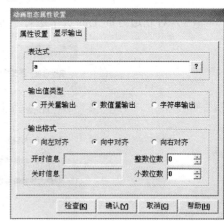

图 4-14　定时器显示输出设置

```
Q6=0
!TimerReset(1,0)
!TimerStop(1)
endif
```

② 东西绿灯亮，南北红灯亮。

```
if 启动=1 and 停止=0 then
!TimerRun(1)
endif
if a > 0 and 启动=1 then
Q1=1
Q2=1
Q6=0
东西货车=东西货车+6
东西货车 1=东西货车 1+6
endif
```

③ 东西黄灯亮，南北红灯亮。

```
if a >=19 and 启动=1 then
Q2=0
Q3=1
endif
```

④ 东西红灯亮，南北绿灯亮。

```
if a >= 22 and 启动=1 then
Q1=0
Q5=1
Q4=1
Q3=0
东西货车=0
东西货车 1=0
南北货车运动=南北货车运动+5
南北货车运动 1=南北货车运动 1+5
endif
```

⑤ 东西红灯亮，南北黄灯亮。

```
if a >=41 and 启动=1 then
Q5=0
Q6=1
endif
```

⑥ 重新开始下一循环。

```
if a >= 43 and 启动=1 then
南北货车运动=0
南北货车运动 1=0
endif
```

（2）调试程序

① 以 IF…ENDIF 为一段，分段输入并调试程序。

② 单击"检查"按钮，进行语法检查。如果报错，修改到无语法错误。

③ 单击工具条上"存盘"按钮，进入运行环境，观察动作效果是否正确，如果有误，重新进行调整。

④ 修改直至动作效果正确。

⑤ 再输入其他段程序，并调试。

⑥ 全部程序分段调试结束后，再进行整体调试。

4.4 MCGS 组态软件和欧姆龙 CPM2AH 系列 PLC 的通信调试

交通灯监控系统中下位机选用欧姆龙 CPM2AH 系列 PLC，通过 RS-232/485 接口与上位机交换数据；为上位机提供现场数据，并按指令实施具体控制动作。下位机程序的设计主要为信号灯显示部分。

4.4.1 编制并调试 PLC 的控制程序

（1）编辑如图 4-15 所示的梯形图程序。

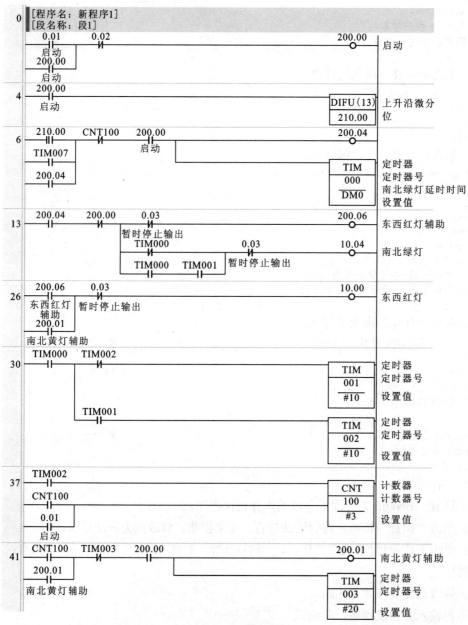

图 4-15　PLC 控制程序

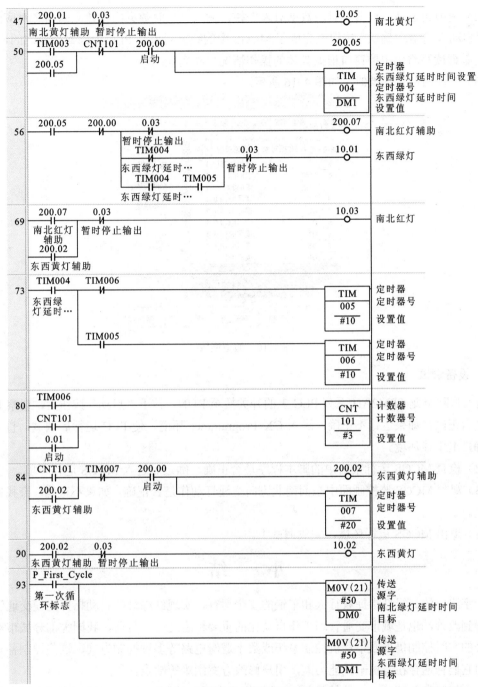

图 4-15　PLC 控制程序（续）

（2）按照图 4-15 进行 PLC 程序调试，直至调试结果正确。

4.4.2　PLC 设备通道连接

PLC 设备添加及属性设置可参考第 3 章。

（1）切换到"通道连接"选项卡，如表 4-1 所示的 I/O 分配进行设置。

（2）选中通道 1，双击"对应数据对象"栏，输入在实时数据库中建立的与之对应的数据名"启动"，单击"确认"按钮就完成了 MCGS 中的数据对象与 PLC 内部寄存器间的连接，具体的数据读写将由主控窗口根据具体的操作情况自动完成。

（3）其他通道设置类似，如图 4-16 所示。

图 4-16　通道连接

4.4.3　设备调试

（1）将欧姆龙 CPM2AH 系列 PLC 上的开关拨至 RUN，按下"启动"按钮后，观察 PLC 输出是否正确，如果运行不正确，进入 CX-Programmer 环境，使 PLC 运行后调试，直至运行正确，退出该环境。

（2）检查 MCGS 运行策略中的脚本程序是否正确，确定后进入 MCGS 运行环境。

（3）观察 MCGS 监控画面中东西南北方向交通灯动作是否正确。如果不正确，查找原因并修正。

（4）退出 MCGS 运行环境，完成调试工作。

小　　结

十字路口的红绿灯指挥着行人和车辆的安全运行，实现红绿灯的自动指挥能使交通管理工作得到改善，也是城市交通管理工作自动化的重要标志之一。目前，我国大部分城市对交通信号的实时控制仍采取单片机控制系统或数字逻辑电路等多种控制方式。这些控制各有侧重，但它们普遍存在着抗干扰能力差，用户修改方案困难等缺点。

本系统共有两部分，一是基于 PLC 的下位机交通灯控制系统，二是以 MCGS 组态软件为开发平台设计了交通灯系统的监控窗口，并建立下位机和上位机之间的数据传输，使组态界面上的图形对象与现场交通信号实现实时数据记录的操作与监控。仿真表明，该系统具有运行可靠，便于修改和实时监控等优点。

随着我国人民生活水平的不断提高，城市化的推进与私家车数量的猛增，道路交通拥挤的问题日益突出，可以预见继续完善交通灯监控系统将具有广大的前景。

- 熟悉用 MCGS 软件建立供料单元监控系统的整个过程。
- 掌握简单界面设计，按钮等元件的组态，触摸屏变量和 PLC 变量的连接。
- 学会用 MCGS 软件、PLC 联合调试供料单元的动作过程。

5.1　了解供料单元的结构和工作过程

供料单元的主要组成结构为：工件装料管、工件推出装置、支料架、阀组、端子排组件、PLC、启动和停止按钮、走线槽、底板等。其中，机械部分结构组成如图 5-1 所示。

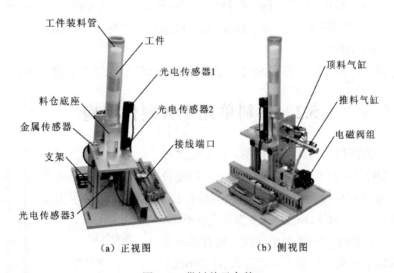

（a）正视图　　　　　　　　（b）侧视图

图 5-1　供料单元全貌

其中，管形料仓和工件推出装置用于储存工件原料，并在需要时将料仓中最下层的工件退出到出料台上。它主要由管形料仓、推料气缸、顶料气缸、磁感应接近开关、漫射式光电传感器组成。工件垂直叠放在料仓中，推料缸处于料仓的底层并且其活塞杆可从料仓的底部通过。当活塞杆在退回位置时，它与最下层工件处于同一水平位置，而夹紧气缸则与次下层工件处于同一水平位置。在需要将工件推出到物料台上时，首先使顶料气缸的活塞杆推出，压住次下层的工件；然后使推料气缸活塞杆推出，从而把最下层工件推到物料台上。在推料气缸返回并从料仓底部抽出后，再使夹紧气缸返回，松开次下层工件。这样，料仓中的工件在重力的作用下，就自动向下移动一个工件，为下一个推出工件做好准备。

该供料单元有两个电磁阀 YV1（顶料电磁阀）、YV2（推料电磁阀），每个气缸分别装有伸出和缩回两个限位开关、料台和料仓分别装有检测有无料的光电传感器。

供料单元的工作流程如下：

（1）初始状态。管型料仓中物料充足，电磁阀 YV1（顶料电磁阀）、YV2（推料电磁阀）都处于失电状态，1B1（顶料到位检测）、2B1（推料到位检测）、SC1（物料台物料检测）为 OFF 状态，1B2（顶料复位检测）、2B2（推料复位检测）、SC2（供料不足检测）、SC3（物料有无检测）为 ON 状态。

（2）启动操作。按下启动按扭 SB1，开始下列操作：

① YV1（顶料电磁阀）动作，顶料气缸伸出顶住物料。当顶料到位检测 1B1 为 ON，使 YV2（推料电磁阀）动作，即推料电磁阀得电，推出物料。

② 推料到位检测 2B1 为 ON，物料台上有被推出的物料，即物料台检测 SC1 为 ON，推料电磁阀 YV2 失电，退回气缸。

③ 当推料复位检测 2B2 为 ON，使顶料电磁阀 YV1 失电。此时顶料复位检测 1B2 为 ON。

④ 搬运站取走物料台上的物料，则物料台物料检测 SC1 为 OFF，重复操作①，②。

⑤ 管型料仓工件不足，HL1 以 1 Hz 闪烁。底层料仓物料不足，HL3 以 0.5 Hz 闪烁。

⑥ 物料充足，HL2 点亮。

（3）停止操作。按下停止按钮 SB2，无论处于什么状态均停止当前工作回到初始步。

5.2　供料单元主要硬件结构

图 5-2 所示为供料单元结构示意图。该系统主要检测元器件：1B1（顶料到位检测）、1B2（顶料复位检测）、2B1（推料到位检测）、2B2（推料复位检测）为气缸磁性限位开关，SC1、SC2、SC3 为光电传感器，检测物料的有无，YV1、YV2 为电磁阀，所有这些元器件的控制都属于开关量控制，分别接入 S7-200PLC 的输入与输出。

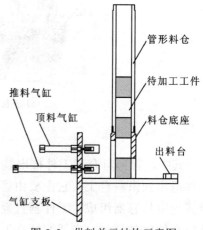

图 5-2　供料单元结构示意图

管形料仓

待加工工件

推料气缸

料仓底座

顶料气缸

出料台

气缸支板

5.2.1　供料单元器材选择

1. 传感器选择

1）磁性开关

磁性开关用来检测气缸活塞位置的，即检测活塞的运动行程。图 5-3 所示为磁性开关结构图。

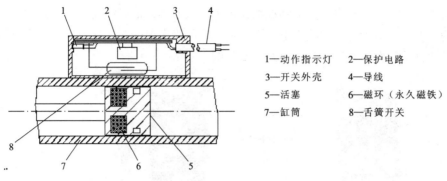

1—动作指示灯　　2—保护电路
3—开关外壳　　　4—导线
5—活塞　　　　　6—磁环（永久磁铁）
7—缸筒　　　　　8—舌簧开关

图 5-3　磁性开关结构图

气缸的活塞上安装一个永久磁铁的磁环，从而提供一个反映气缸活塞位置的磁场。而安装在气缸外侧的磁性开关用舌簧开关作磁场检测元件。当气缸中随活塞移动的磁环靠近开关时，舌簧开关的两根簧片被磁化而相互吸引，触点闭合；当磁环移开开关后，簧片失磁，触点断开。触点闭合或断开即提供了气缸活塞伸出或缩回的位置。图 5-4 所示为磁性开关外形图。

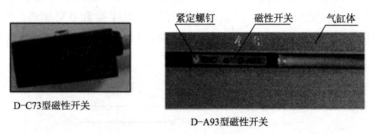

紧定螺钉　　磁性开关　　气缸体

D-C73型磁性开关

D-A93型磁性开关

图 5-4　磁性开关外形图

2）光电传感器的选择

"光电传感器"是利用光的各种性质，检测物体的有无和表面状态的变化等的传感器。其中输出形式为开关量的传感器为光电接近开关。

光电接近开关工作方式如图 5-5 所示。

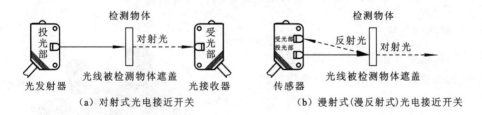

检测物体　　　　　　　　　　　　检测物体

投光部　对射光　受光部　　　受光部投光部　反射光　对射光

光发射器　光线被检测物体遮盖　光接收器　传感器　光线被检测物体遮盖

（a）对射式光电接近开关　　　（b）漫射式(漫反射式)光电接近开关

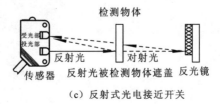

检测物体

受光部投光部　反射光　对射光　反光镜

传感器　反射光被检测物体遮盖　反光镜

（c）反射式光电接近开关

图 5-5　光电接近开关工作方式

漫射式光电开关是利用光照射到被测物体上后反射回来的光线而工作的，由于物体反射的光线为漫射光，故称为漫射式光电接近开关。它的光发射器与光接收器处于同一侧位置，且为一体化结构。图5-6所示为光电开关实物图。

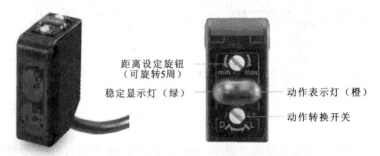

（a）E3Z-L型光电开关外形　　（b）调节旋钮和显示灯

图 5-6　光电开关的外形、调节旋钮和显示灯

本单元所用的光电传感器都是 NPN 型，NPN 集电极开路输出电路的输出 OUT 端通过开关管和 0 V 连接，当传感器动作时，开关管饱和导通，OUT 端和 0 V 相通，输出 0 V 低电平信号，NPN 集电极开路输出为 0 V，当输出 OUT 端和 PLC 输入相连时，电流从 PLC 的输入端流出，从 PLC 的公共端流入，如图 5-7 所示。

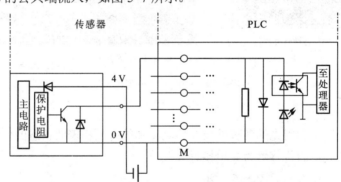

图 5-7　NPN 输出传感器和 PLC 的连接

2. 电磁阀和气缸

执行气缸都是双作用气缸，控制它们工作的电磁阀需要有二个工作口和二个排气口以及一个供气口，故使用的电磁阀均为二位五通电磁阀，如图 5-8 所示。

5.2.2　PLC 的 I/O 分配表的设计

I/O 地址分配如表 5-1 所示。

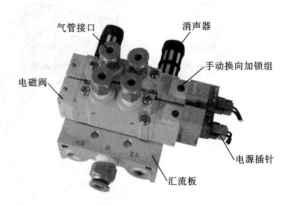

图 5-8　电磁阀组

表 5-1　供料单元 I/O 地址分配

符号	PLC 输入点	信号名称	符号	PLC 输出点	信号名称
1B1	I0.0	顶料到位检测	YV1	Q0.0	顶料电磁阀
1B2	I0.1	顶料复位检测	YV2	Q0.1	推料电磁阀
2B1	I0.2	推料到位检测	HL1	Q0.2	黄色指示灯
2B2	I0.3	推料复位检测	HL2	Q0.3	绿色指示灯
SC1	I0.4	物料台物料检测	HL3	Q0.4	红色指示灯
SC2	I0.5	供料不足检测			
SC3	I0.6	物料有无检测			
SB1	I0.7	停止按钮			
SB2	I1.0	启动按钮			

5.2.3　PLC 外部接线图的设计

PLC 外部接线图如图 5-9 所示。

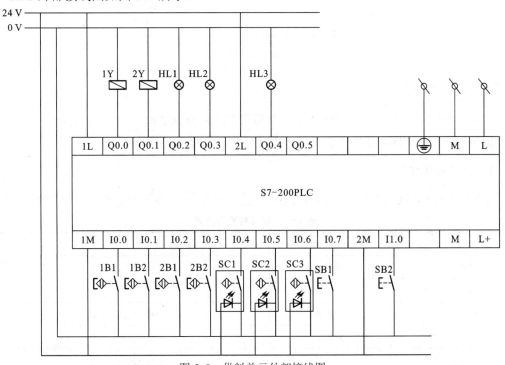

图 5-9　供料单元外部接线图

5.3　建立供料单元的工程项目

在这里建立供料单元的工程项目主要是为了监控供料过程的运行,在触摸屏上进行启动、停止操作,实时监控电磁阀动作过程,缺料报警指示以及累计加工数目。

建立工程的步骤如下:

（1）双击桌面"MCGS组态环境"图标，进入组态环境，屏幕中间窗口为工作台。

（2）单击"文件"菜单，选择"新建工程"命令，如果MCGS安装在D盘根目录下，则会在D:\MCGS\WORK\下自动生成新建工程，默认的工程名为："新建工程X.MCG"（X表示新建工程的顺序号，如0、1、2等）。

（3）单击"文件"菜单，选择"工程另存为"命令，弹出"保存为"对话框，如图5-10所示。

（4）在"文件名"文本框内输入"供料站触摸屏监控系统"，单击"保存"按钮，工程创建完毕。

图5-10 输入工程名

5.3.1 定义数据对象

实时数据库是MCGS系统的核心，也是应用系统的数据处理中心，系统各个部分均以实时数据库为数据公用区，进行数据交流、数据处理和数据的可视化处理。

1. 分配数据对象

分配数据对象即定义数据对象前需要对系统进行分析，确定需要的数据对象，如表5-2所示。

表5-2 数据对象分配表

对象名称	类 型	注 释
启动按钮	开关型	启动按钮
停止按钮	开关型	停止按钮
顶料到位检测	开关型	顶料气缸到位检测
顶料复位检测	开关型	顶料气缸复位检测
推料到位检测	开关型	推料气缸到位检测
推料复位检测	开关型	推料气缸复位检测
YV1	开关型	顶料电磁阀
YV2	开关型	推料电磁阀
物料台物料检测	开关型	
供料不足检测	开关型	

续表

对象名称	类　　型	注　　　　释
物料有无检测	开关型	
黄色指示灯	开关型	料不足指示
绿色指示灯	开关型	正常运行指示
红色指示灯	开关型	缺料报警指示
供料个数	数值	上料数目

2. 定义数据对象步骤

（1）单击工作台中的"实时数据库"标签，切换到"实时数据库"选项卡，窗口中列出了已有系统内部建立数据对象的名称。

（2）单击工作台右侧"新增对象"按钮，在窗口的数据对象列表中，增加新的数据对象。

（3）选中对象，单击右侧"对象属性"按钮，或双击选中对象，则弹出"数据对象属性设置"对话框，如图 5-11 所示。

图 5-11　"数据对象属性设置"对话框

（4）将对象名称改为"启动按钮"；对象类型选择"开关"；在对象内容注释文本框内输入"启动按钮"，单击"确认"按钮。

（5）按照上述步骤，根据表 5-2，设置其他数据对象。

5.3.2　组态设备窗口

MCGS 为用户提供了多种类型的"设备构件"，作为系统与外部设备进行联系的媒介。进入设备窗口，从设备构件工具箱里选择相应的构件，配置到窗口内，建立接口与通道的连接关系，设置相应的属性，即完成了设备窗口的组态任务。

1. 选择设备构件

在工作台的"设备窗口"选项卡中：双击"设备窗口"图标（或选中"设备窗口"图标，单击"设备组态"按钮），弹出设备组态窗口；单击工具条中的"工具箱"按钮，打开"设备工具箱"；双击设备工具箱里的设备构件，或选中设备构件，鼠标指针移到设备窗口内，单击，则可将其选到窗口内，如图 5-12 所示。

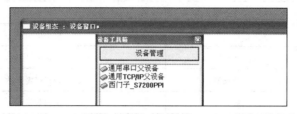

图 5-12　添加设备构件

设备工具箱内包含有 MCGS 目前支持的所有硬件设备，对系统不支持的硬件设备，需要预先定制相应的设备构建件，才能对其进行操作。MCGS 将不断增加新的设备构件，以提供对更多硬件设备的支持。

2. 设置设备构件属性建立与西门子 S7-200PLC 的通信连接

选中设备构件，单击工具条中的"显示属性"按钮 或者单击"编辑"菜单，选择"属性"命令，或者双击设备构件，弹出所选设备构件的"属性编辑"对话框，切换到"基本属性"选项卡，按所列项目设定，如图 5-13 所示。

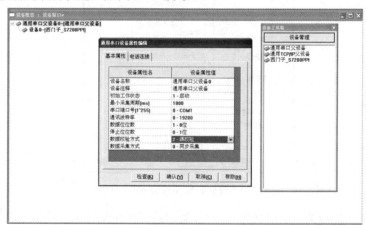

图 5-13　通用串口父设备属性设置

不同的设备构件有不同的属性，一般都包括如下 3 项：设备名称、输入/输出（I/O）端口地址、采集周期。系统各个部分对设备构件的操作是以设备名为基准的，因此各个设备构件不能重名。与硬件相关的参数必须正确配置。例如，"串口端口号"应设为"0-COM1"；通信波特率应和 PLC 的通信波特率相一致，本单元设为"8-19200"；"数据校验方式"为"2-偶校验"，否则触摸屏和 PLC 不能进行通信。

3. 设备通道连接建立与西门子 S7-200PLC 变量连接

把输入输出装置读取数据和输出数据的通道称为设备通道，建立设备通道和实时数据库中数据对象的对应关系的过程称为通道连接。建立通道连接的目的是通过设备构件，确定采集进来的数据送入实时数据库的位置，或从实时数据库中什么位置取用数据。

双击设备构件，在设备属性设置对话框内，切换到"基本属性"选项卡，单击"设置设备内部属性"后的按钮，删除之前的"设备通道"。按表中所列款项设置来增加通道，如图 5-14 所示。

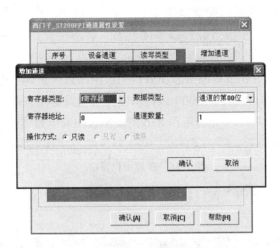

图 5-14　S7-200 PLC 设备属性设置

在"西门子_S7200PPI 通道属性设置"对话框中，添加设备通道，在"添加设备通道"窗口中根据上料站所用到的变量选择通道类型、数据类型，通道地址、通道个数以及读写方式。最后给通道连接变量，设置方法是在"设备属性设置"的"通道连接"中右击所选通道，在变量表中选择要连接的变量名称，如图 5-15 所示。

图 5-15　通道连接

5.3.3　制作工程画面

1. 建立画面

（1）在工作台"用户窗口"选项卡中单击"新建窗口"按钮，建立"窗口 0"，如图 5-16 所示。

图 5-16　新建用户窗口

（2）选中"窗口 0"，单击"窗口属性"按钮，弹出"用户窗口属性设置"对话框，如图 5-17 所示。

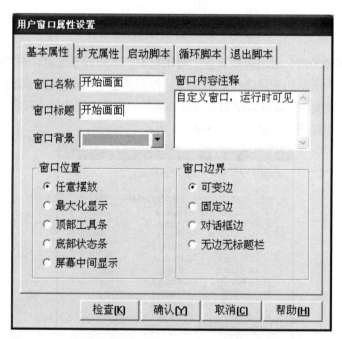

图 5-17　设置用户窗口的属性

（3）切换到"基本属性"选项卡将窗口名称改为"开始画面"；窗口标题改为"开始画面"；窗口位置选中"最大化显示"，其他不变，单击"确认"按钮，关闭窗口。以同样的方法再新建一个窗口，窗口标题为"监控画面"。

（4）在"用户窗口"选项卡中，"窗口 0"图标已变为"开始画面"，如图 5-18 所示。右击"开始画面"图标，在弹出的快捷菜单中选择"设置为启动窗口"命令，将该窗口设置为运行时自动加载的窗口，则当 MCGS 运行时，将自动加载该窗口。

（5）单击工具条上"存盘"按钮。

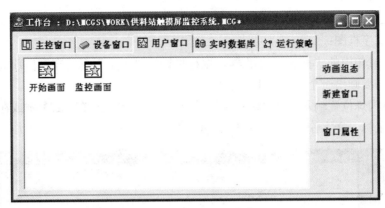

图 5-18　设置后的用户窗口

2. 编辑画面

定义了用户窗口并完成属性设置后，就可以开始在用户窗口内使用系统提供的工具箱，创建图形对象，制作漂亮的图形界面了。

在工作台的"用户窗口"选项卡中，双击指定的用户窗口图标，或者选中用户窗口图标后，单击"动画组态"按钮，一个空白的用户窗口就打开了，等待在上面放置图形对象，生成需要的图形界面。

在用户窗口中创建图形对象之前，需要从工具箱中选取需要的图形构件，进行图形对象的创建工作。我们已经知道，MCGS 提供了两个工具箱："放置图元和动画构件的绘图工具箱"和"常用图符工具箱"。从这两个工具箱中选取所需的构件或图符，在用户窗口内进行组合，就构成用户窗口的各种图形界面。

（1）进入编辑画面环境：

① 在工作台"用户窗口"选项卡中，选中"开始画面"窗口图标，单击右侧"动画组态"按钮，进入"动画组态开始画面"窗口，如图 5-19 所示，开始编辑画面。

图 5-19　编辑画面环境

② 单击工具条上的"工具箱"按钮 ，打开绘图工具箱，如图 5-19 所示。

（2）制作文字框图：

① 单击工具箱中的"标签"按钮 **A**，鼠标指针呈"十字"形，在窗口顶端中心位置拖动鼠标，根据需要画出一个一定大小的矩形。

② 在光标闪烁位置输入文字"供料站触摸屏监控系统"，按【Enter】键或在窗口任意位置用单击一下鼠标，文字输入完毕，如图 5-20 所示。

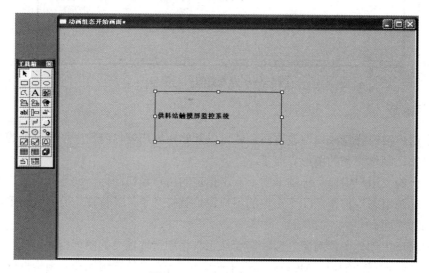

图 5-20　输入和编辑文字

3. 绘制开始画面

（1）单击绘图工具箱中的"标准按钮"按钮 ，在画面中画出一定大小的按钮，调整其大小和位置。

（2）双击该按钮，弹出"标准按钮构件属性设置"对话框，如图 5-21 所示。

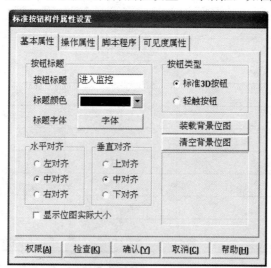

图 5-21　标准按钮构件属性设置窗口

（3）切换到"基本属性"选项卡进行设置。按钮标题文本框输入："进入监控"；标题颜色选择"黑色"；标题字体设置为"宋体、斜体、三号"；水平对齐选择"中对齐"；垂直对齐选择"中对齐"；按钮类型选择"标准 3D 按钮"。

（4）单击"确认"按钮。

（5）对画好的按钮进行复制、粘贴，调整新按钮的位置。

依据上面的方法再组态一个按钮，如图 5-22 所示

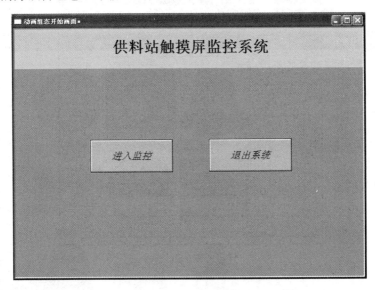

图 5-22　开始画面效果图

4．绘制监控画面

（1）构建供料站的结构：

进入监控画面的组态界面，选择"矩形"按钮 □，通过矩形框构建如图 5-23 所示的供料结构画面。

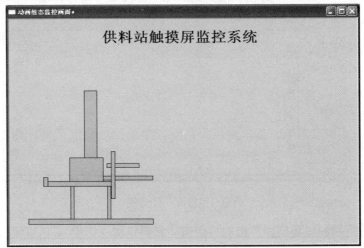

图 5-23　监控画面的效果图

（2）组态传感器的实时显示状态和状态指示灯：

① 单击绘图工具箱中的"插入元件"按钮，弹出"对象元件库管理"对话框。

② 选择对话框左侧"对象元件列表"中的"指示灯"选项，右侧列表框中出现如图 5-24 所示的指示灯图形。

③ 单击右侧列表框内的指示灯 6，图像外围出现矩形，表明该图形被选中，单击"确定"按钮。

④ 将指示灯调整为适当大小，放到适当位置。

⑤ 在指示灯上面输入文字标签相应传感器的名称，如图 5-25 所示。

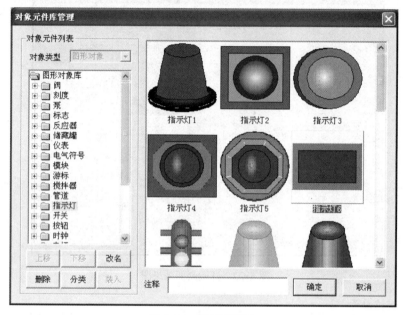

图 5-24　指示灯图形

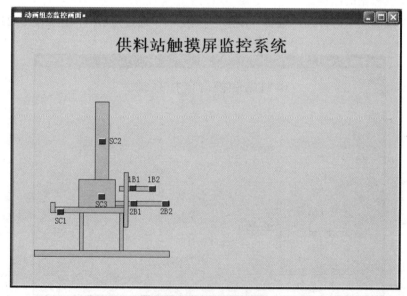

图 5-25　监控画面效果图

以同样的方法组态指示灯，如图 5-26 所示。

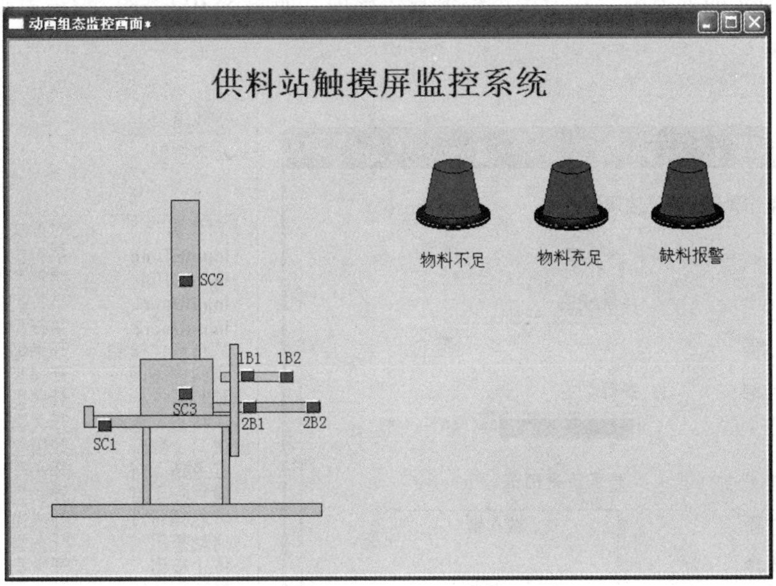

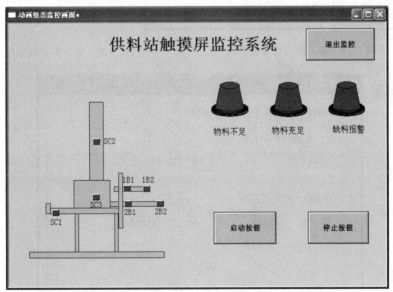

图 5-26　指示灯效果图

和开始画面一样的方式组态按钮和开关，如图 5-27 所示。

图 5-27　按钮效果图

（3）组态输入框，用来显示实时上料的个数：

① 单击工具箱中的"输入框"按钮 **abl**。

② 使用鼠标在右边组态画面上画出一个矩形框，双击该矩形框，弹出"输入框构件属性设置"对话框，切换到"基本属性"选项卡中改变字体大小、形状和背景色，如图 5-28 所示。

③ 切换到"操作属性"选项卡，单击"对应数据对象的名称"选项组中的 ▣ 按钮，打开如图 5-29 所示的列表框，双击"供料个数"选项，如图 5-30 所示。最后单击"确认"按钮即可。

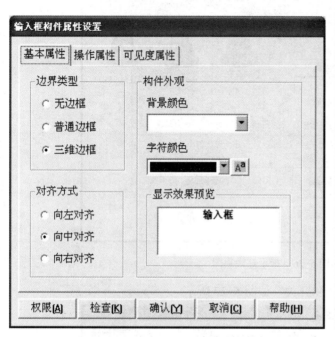

图 5-28　输入框属性设置窗口　　　　　　　图 5-29　输入框操作属性数据对象选择

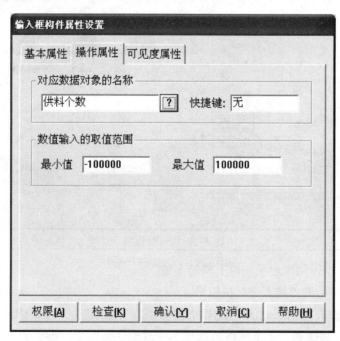

图 5-30　输入框构件属性设置

（4）为按钮效果组态变量：

① 双击"进入监控"按钮，弹出标准按钮构件"属性设置"对话框，切换到"操作属性"选项卡，如图 5-31 所示。

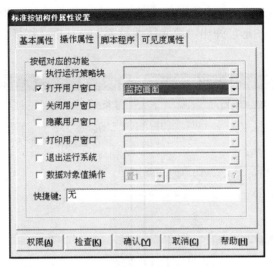

图 5-31　进入监控按钮构件设置

② 选中"打开用户窗口"，单击第 1 个下拉列表框右侧的"▼"按钮，弹出按钮动作下拉列表，选择"监控画面"选项。在画面上单击按钮，就进入监控画面了，这样做到了切换画面。以同样操作在"监控画面"中组态"退出系统"按钮。

③ 双击"退出系统"按钮，弹出"标准按钮构件属性设置"对话框，切换到"操作属性"选项卡，如图 5-32 所示。

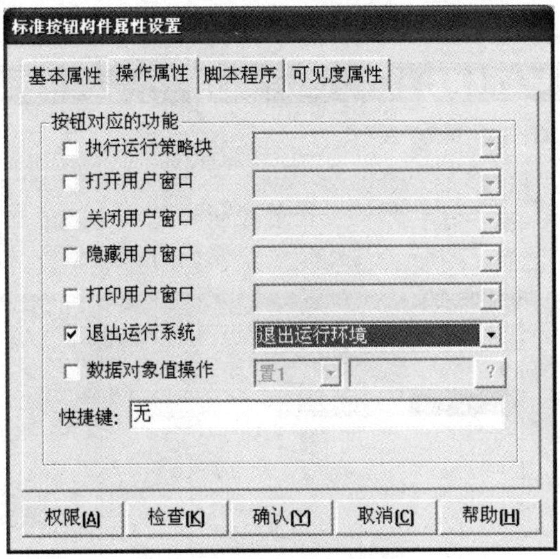

图 5-32　退出系统按钮构件设置

④ 选中"退出运行系统"，单击第 1 个下拉列表框右侧的"▼"按钮，弹出按钮动作下拉列表，选择"退出运行环境"选项。在画面上单击按钮，就退出触摸屏监控系统了。

⑤ 在监控画面中双击"启动按钮",弹出"标准按钮构件属性设置"对话框,切换到"操作属性"选项卡,如图 5-33 所示。

⑥ 选中"数据对象值操作",单击第 1 个下拉列表框右侧的"▼"按钮,弹出按钮动作下拉列表,选择"按 1 松 0"。单击后面的 ? 按钮,在"变量选择"中选择"启动按钮"。

⑦ 双击"指示灯"图形,弹出"单元属性设置"对话框,切换到"数据对象"选项卡,如图 5-34 所示。

图 5-33 启动按钮属性设置   图 5-34 指示灯数据对象连接

单击填充颜色后面的 ? 按钮,选择变量表中的"黄色指示灯",然后单击"动画连接"选择" > ",改变变量"0"与"1"在触摸屏上显示的颜色,如图 5-35 所示。

单击"确认"按钮即完成指示灯的组态,其他指示灯的组态方法一样。

图 5-35 指示灯填充颜色设置

5.4　联机设备调试运行

（1）根据控制要求，编写 PLC 控制程序，程序不在这里详细解释。将西门子 S7-200PLC 上的开关拨至 RUN，按下"启动"按钮后，观察 PLC 输出是否正确，如果运行不正确，退出程序监控，修改 PLC 程序，加电运行直至正确，退出该环境。

（2）把组态好的触摸屏项目用专用数据线下载进触摸屏。检查 MCGS 变量表是否正确，确定后进入 MCGS 运行环境。

（3）用 PPI 电缆把触摸屏和 S7-200PLC 连接起来，运行程序，观察 MCGS 监控画面中各个电磁阀、传感器指示灯动作是否正确。如果不正确，查找原因并修正。

（4）退出 MCGS 运行环境，完成调试工作。

小　　结

本单元选用西门子 S7-200PLC 作为控制装置，通过 PLC 的硬件设计和软件编程，对供料站自动控制系统实现了顶料电磁阀、推料电磁阀等的自动控制，通过 MCGS 的编程，实现了现场工作状态的显示，现场数据的显示，实现监控功能。本单元主要介绍了 MCGS 与 S7-200PLC 的通信连接，变量的关联，按钮，指示灯，加工数据实时显示的简单组态。

MCGS 触摸屏和 PLC 组成的自动控制系统，通过硬件和计算机软件的设计，在满足基本功能的基础上，使过程具有可视化、缺料报警和数据统计功能，实时监控系统的工作，从而确保了供料站安全稳定的运行。

第6章 通过分拣单元的组态监控学习 MCGS

学习目标

- 熟悉用 MCGS 软件建立分拣单元监控系统的整个过程。
- 掌握简单界面设计、图形、按钮、报表和曲线的组态，触摸屏变量和 PLC 变量的连接。
- 学会用 MCGS 软件、PLC、变频器联合调试分拣单元的动作过程。

6.1 了解分拣单元的结构和工作过程

分拣单元是自动化生产线中的最末单元，完成对上一单元送来的已加工、装配的工件进行分拣，使不同颜色的工件从不同的料槽分流的功能。当输送站送来工件到传送带上被入料口光电传感器检测到时，即启动变频器，将工件送入分拣区进行分拣。

分拣单元主要结构组成为：传送和分拣机构，传动带驱动机构，变频器模块，电磁阀组，接线端口，PLC 模块，按钮/指示灯模块与底板等。其中，分拣单元的装配总成如图 6-1 所示。

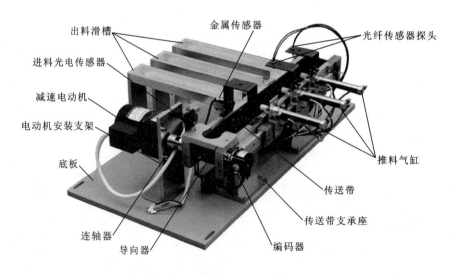

图 6-1 分拣单元装配总成图

该分拣单元有 3 个电磁阀 1Y（推料 1 电磁阀）、2Y（推料 2 电磁阀）、3Y（推料 3 电磁阀），3 个气缸磁性限位开关，料口检测有无料的光电传感器，进行颜色判断的 2 个光纤传感器 SC2（白色物料的检测）和 SC3（黑色物料的检测）。

分拣单元的工作流程：

（1）初始状态。3 个电磁阀 1Y（推料 1 电磁阀）、2Y（推料 2 电磁阀）、3Y（推料 3 电磁阀）都处于失电状态，1B1（顶料到位检测）、2B1（推料到位检测）、SC1（物料台物料检测）为 OFF 状态，1B（推料 1 到位检测）、2B（推料 2 到位检测）、3B（推料 3 到位检测）都为 OFF 状态，SC1（物料台物料检测）、SC2（白色物料的检测）SC3（黑色物料的检测）为 OFF 状态。

（2）启动操作。按下启动按扭 SB1，开始下列操作：

① 料口有工件，SC1（物料台物料检测）为 ON，电动机拖动传送带运行。当物料向分料口运动，根据物料的颜色，选择是进入哪个料口。

② 若进入分拣区工件为白色，则检测白色物料的光纤传感器 SC2 动作，作为 1 号槽推料气缸启动信号，将白色料推到 1 号槽里。

③ 若进入分拣区工件为黑色，则检测黑色物料的光纤传感器 SC3 动作，作为 2 号槽推料气缸启动信号，将黑色料推到 2 号槽里。

④ 气缸推料的同时，电动机停止运行。气缸动作，气缸到位检测的磁性开关为 ON，推料电磁阀失电。

⑤ 3 个气缸满足初始状态的位置要求，则 HL1 长亮，否则，以 1 Hz 频率闪烁，设备正常运行时，HL2 长亮，出现故障，设备不能正常运行，则 HL3 长亮。

（3）停止操作。按下停止按钮 SB2，无论处于什么状态均停止当前工作回到初始步。

6.2　分拣单元主要硬件结构

分拣单元主要由传送带、物料槽、推料（分拣）气缸、漫射式光电传感器、旋转编码器、金属传感器、光纤传感器、磁感应接近式传感器组成，如图 6-1 所示。

6.2.1　分拣单元器材选择

1. 传感器

本单元应用了光电传感器、磁性限位开关、光纤传感器。而光电传感器、磁性限位开关在上一章已有详细的介绍，在此不再介绍。

光纤型传感器由光纤检测头、光纤放大器两部分组成，放大器和光纤检测头是分离的两个部分，光纤检测头的尾端部分分为两条光纤，使用时分别插入放大器的两个光纤孔。光纤传感器组件及放大器的安装示意图如图 6-2 所示。

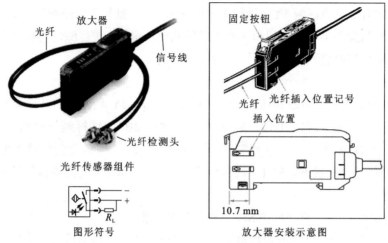

图 6-2 光纤传感器组件及放大器的安装示意图

2. 旋转编码器

旋转编码器是通过光电转换，将输出至轴上的机械、几何位移量转换成脉冲或数字信号的传感器，主要用于速度或位置（角度）的检测。典型的旋转编码器是由光栅盘和光电检测装置组成。光栅盘是在一定直径的圆板上等分地开通若干个长方形狭缝。由于光栅盘与电动机同轴，电动机旋转时，光栅盘与电动机同速旋转，经发光二极管等电子元器件组成的检测装置检测输出若干脉冲信号，其原理示意图如图 6-3 所示，通过换算每秒旋转编码器输出脉冲的个数就能反映当前电动机的转速。

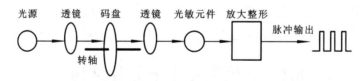

图 6-3 旋转编码器原理示意图

根据旋转编码器产生脉冲的方式不同，分为增量式、绝对式以及复合式三大类。本单元采用增量式旋转编码器。

增量式编码器是直接利用光电转换原理输出 3 组方波脉冲 A、B 和 Z 相（如图 6-4 所示）；A、B 两组脉冲相位差 90°用于辨向：当 A 相脉冲超前 B 相脉冲时为正转方向，而当 B 相脉冲超前 A 相脉冲时则为反转方向。Z 相为每转一个脉冲，用于基准点定位。

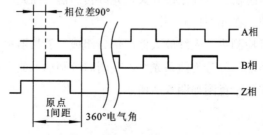

图 6-4 增量式编码器输出的三组方波脉冲

分拣单元使用了这种具有 A、B 两相 90°相位差的通用型旋转编码器，用于计算工件在传送带上的位置。编码器直接连接到传送带主轴上。该旋转编码器的三相脉冲采用 NPN 型集电极开路输出，分辨线 500 线，工作电源 DC 12～24 V。本单元没有使用 Z 相脉冲，A、B 两相输出端直接连接到 PLC 的高速计数器输入端。

计算工件在传送带的位置时，需确定每两个脉冲之间的距离即脉冲当量。分拣单元主动轴的直径为 d=43 mm，则减速电动机每旋转一周，皮带上工件移动距离 L=π·d=3.14×43 mm=136.35 mm，故脉冲当量 μ 为 μ=L/50≈0.273 mm。按图 6-5 所示的安装尺寸，当工件从下料口中心线移至传感器中心时，旋转编码器约发出 430 个脉冲；移至第一个推杆中心点时，约发出 614 个脉冲；移至第二个推杆中心点时，约发出 963 个脉冲；移至第三个推料中心时，约发出 1 284 个脉冲。应用编码器的原因就是实时反映工件运行的距离。和预先设置的脉冲数（代表距离）进行比对，以确定工件到达下料口，触发推料电磁阀动作。

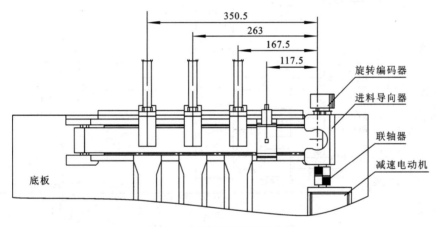

图 6-5　传送带位置计算用图

3. 西门子 MM420 变频器

（1）西门子 MM420 变频器简介。西门子 MM420（MICRO MASTER 420）是用于控制三相交流电动机速度的交频器系列。该系列有多种型号，YL-335B 选用的 MM420 定货号为 6SE6420-2UDl7-5AAl，外形如图 6-6 所示。

该变额器额定参数为：

电源电压：380 ～480 V，三相交流；

额定输出功率：0.75 kW；

额定输入电流：2.4 A；

额定输出电流：2.1 A；

外形尺寸：A 型；

操作而板：基水操作板（BOP）。

图 6-6　变频器外形

（2）变频器控制电路的接线如图 6-7 所示。

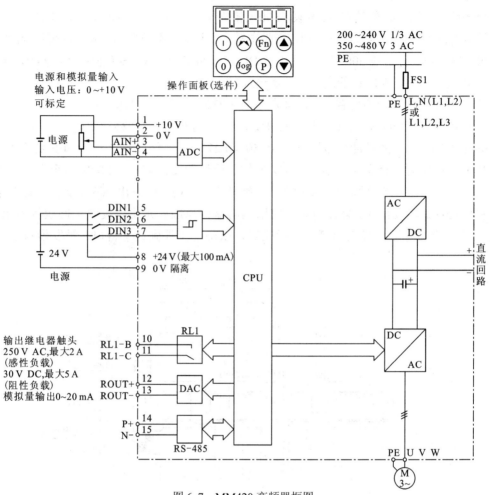

图 6-7　MM420 变频器框图

（3）变频器的参数设定：

① MM420 变频器的参数访问。MM420 变频器有数千个参数，为了能快速访问指定的参数，MM420 采用把参数分类，屏蔽（过滤）不需要访问的类别的方法实现。实现这种过滤功能的有如下几个参数：

- 参数 P0004 是实现这种参数过滤功能的重要参数，当完成了 P0004 的设定以后再进行参数查找时，在 LED 上只能看到 P0004 设定值所指定类别的参数。
- 参数 P0010 是调试参数过滤器，对与调试相关的参数进行过滤，只筛选出那些与特定功能组有关的参数。P0010 的可能设定值为："0"（准备），"1"（快速调试），"2"（变频器），"29"（下载），"30"（工厂的默认设定值）；默认设定值为"0"。
- 参数 P0003 用于定义用户访问参数组的等级，设置范围为 1～4，其中：

"1"标准级：可以访问最经常使用的参数。

"2"扩展级：允许扩展访问参数的范围。例如，变频器的 I/O 功能。

"3"专家级：只供专家使用。

"4"维修级：只供授权的维修人员使用，具有密码保护。

该参数默认设置为等级 1（标准级），对于大多数简单的应用对象，采用标准级就可以满足要求了。用户可以修改设置值。

② 参数设置方法。用 BOP 可以修改和设定系统参数，使变频器具有期望的特性。例如，斜坡的时间，最小和最大频率等。选择的参数号和设定的参数值在 5 位数字的 LED 上显示。

更改参数的数值的步骤可大致归纳为：查找所选定的参数号；进入参数值访问级，修改参数值；确认并存储修改好的参数值。例如，修改 P0004 的参数，假如 P0004 设定值为 0，现在需要修改为 3，改变参数步骤的方法如图 6-8 所示。

序号	操作内容	显示的结果
1	按 Ⓟ 访问参数	r0000
2	按 ⬆ 直到显示出 P0004	P0004
3	按 Ⓟ 进入参数数值访问级	0
4	按 ⬆ 或 ⬇ 达到所需要的数值	3
5	按 Ⓟ 确认并存储参数的数值	P0004
6	使用者只能看到命令参数	

图 6-8 参数设置步骤

（4）本单元所要设置的参数如表 6-1 所示。

表 6-1 参数设置

参 数 号	设 置 值	说 明
P0003	1	设用户访问级为标准级
P0010	1	快速调试
P0700	2	由端子排输入
P1000	2	模拟量输入
P0701	1	DIN1，ON 接通正转，OFF 停止

（5）频率设定比例换算关系。S7-200CPU224XP 的 0～32 000 经 A/D 转换后模拟量输出分 0～20 mA 和 0～10 V 的，在本单元中我们选择的是 0～10 V 的模拟量输出，假设触摸屏上设置的频率值为 0～50（整数值）Hz，对应数字量 0～32 000，A/D 转换后输出为 0～10 V，所以换算关系的比例系数：32 000/50=640，模拟量/数字量对应关系如图 6-9 所示。

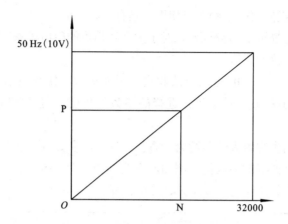

图 6-9　模拟量/数字量对应关系

在 PLC 中编程如图 6-10 所示。

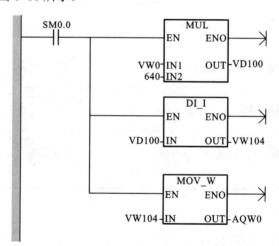

图 6-10　模拟量/数字量转换 PLC 程序

6.2.2　PLC 的 I/O 分配表的设计

I/O 地址分配如表 6-2 所示。

表 6-2　分拣单元 I/O 地址分配

输　入　信　号			输　出　信　号		
符号	PLC 输入点	信号名称	符号	PLC 输出点	信号名称
I2	I0.0	编码器 A 相		Q0.0	变频器启停控制
I3	I0.1	编码器 B 相		Q0.1	
I4	I0.2	编码器 Z 相		Q0.2	
SC1	I0.3	物料口检测传感器		Q0.3	
SC2	I0.4	光纤传感器检测（黑色）	1Y	Q0.4	推料 1 电磁阀
SC3	I0.5	光纤传感器检测（白色）	2Y	Q0.5	推料 2 电磁阀

续表

	输 入 信 号			输 出 信 号	
符号	PLC 输入点	信号名称	符号	PLC 输出点	信号名称
1B	I0.6	推杆 1 到位检测	3Y	Q0.6	推料 3 电磁阀
2B	I0.7	推杆 2 到位检测	HL1	Q0.7	黄色指示灯
3B	I1.0	推杆 3 到位检测	HL2	Q1.0	绿色指示灯
SB1	I1.1	停止按钮	HL3	Q1.1	红色指示灯
SB2	I1.2	启动按钮		AQW0	变频器频率给定

6.2.3 PLC 外部接线图的设计

PLC 外部接线图如图 6-11 所示。

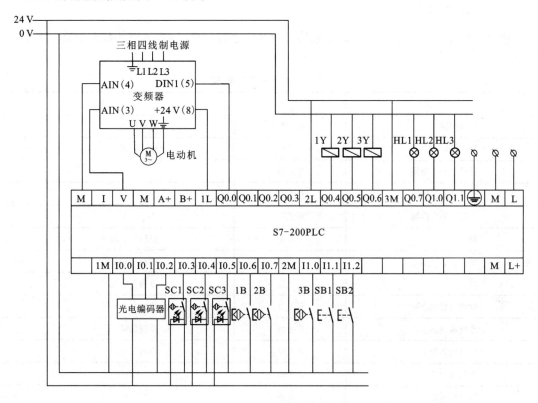

图 6-11 分拣单元外部接线图

6.3 建立分拣单元的工程项目

建立分拣单元的工程项目主要任务是：监控分拣过程的运行、在触摸屏上进行启动、停止操作、实时监控电磁阀动作过程、电动机运行频率的设定、缺料报警指示以及累计加工数目、报表的产生。

建立工程的步骤如下：

（1）双击桌面上的"MCGS 组态环境"图标，进入组态环境，屏幕中间窗口为工作台。

（2）单击"文件"菜单选择"新建工程"命令，如果 MCGS 安装在 D 盘根目录下，则会在 D:\MCGS\WORK\下自动生成新建工程，默认的工程名为："新建工程 X.MCG"（X 表示新建工程的顺序号，如 0、1、2 等）。

（3）单击"文件"菜单选择"工程另存为"命令，弹出"保存为"对话框。

（4）在"文件名"文本框内输入"分拣站触摸屏监控系统"，单击"保存"按钮，工程创建完毕。

6.3.1 定义数据对象

实时数据库是 MCGS 系统的核心，也是应用系统的数据处理中心，系统各个部分均以实时数据库为数据公用区，进行数据交流、数据处理和数据的可视化处理。

1. 分配数据对象

分配数据对象即定义数据对象，之前需要对系统进行分析，确定需要的数据对象，如表 6-3 所示。

表 6-3　数据对象分配表

对象名称	类　型	注　释
启动按钮	开关型	启动按钮
停止按钮	开关型	停止按钮
推杆 1 到位检测	开关型	
推杆 2 到位检测	开关型	
推杆 3 到位检测	开关型	
1Y	开关型	推料 1 电磁阀
2Y	开关型	推料 2 电磁阀
3Y	开关型	推料 3 电磁阀
物料口物料检测	开关型	检测有无物料
光纤传感器	开关型	检测黑料
光纤传感器	开关型	检测白料
黄色指示灯	开关型	
绿色指示灯	开关型	
红色指示灯	开关型	
供料个数 1	数值	分拣白色工件数目
供料个数 2	数值	分拣黑色工件数目
变频器运行	开关型	

2. 定义数据对象步骤

按照之前步骤，根据表 6-3，设置数据对象。

6.3.2　组态设备窗口

MCGS 为用户提供了多种类型的"设备构件",作为系统与外部设备进行联系的媒介。进入设备窗口,从设备构件工具箱里选择相应的构件,配置到窗口内,建立接口与通道的连接关系,设置相应的属性,即完成了设备窗口的组态任务。

设置步骤与第 5 章相同,这里不再详述,S7–200PLC 的变量通道连接如图 6-12 所示。

图 6-12　通道连接

6.3.3　制作工程画面

1. 建立画面

(1) 在工作台"用户窗口"选项卡中单击"新建窗口"按钮,建立"窗口 0",如图 6-13 所示。

图 6-13　新建用户窗口

(2) 选中"窗口 0",单击"窗口属性"按钮,弹出"用户窗口属性设置"对话框,如图 6-14 所示。

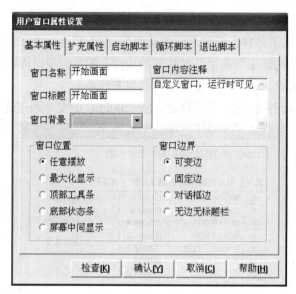

图 6-14　设置用户窗口的属性

（3）切换到"基本属性"选项卡，将窗口名称改为"开始画面"；窗口标题改为"开始画面"；窗口位置选中"最大化显示"，其他不变，单击"确认"按钮，关闭窗口。以同样的方法再新建一个窗口，窗口标题为"监控画面"。

（4）在"用户窗口"选项卡中，"窗口 0"图标已变为"开始画面"，如图 6-15 所示。右击"开始画面"图标，在弹出的快捷菜单中，选择"设置为启动窗口"命令，将该窗口设置为运行时自动加载的窗口，则当 MCGS 运行时，将自动加载该窗口。

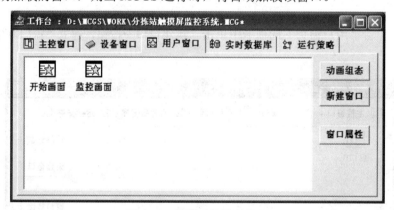

图 6-15　设置后的用户窗口

（5）单击工具条上"存盘"按钮。

2. 编辑画面

（1）进入编辑画面环境。

① 在"用户窗口"选项卡中，选中"开始画面"窗口图标，单击右侧"动画组态"按钮，进入动画组态窗口，如图 6-16 所示，开始编辑画面。

图 6-16 编辑画面环境

② 单击工具条中的"工具箱"按钮 ⚒，打开绘图工具箱，如图 6-16 所示。

（2）制作文字框图。

① 单击工具箱中的"标签"按钮 **A**，鼠标指针呈"十字"形，在窗口顶端中心位置拖动鼠标，根据需要画出一个一定大小的矩形。

② 在光标闪烁位置输入文字"分拣站触摸屏监控系统"，按【Enter】键或在窗口任意位置单击一下鼠标，文字输入完毕，如图 6-17 所示。

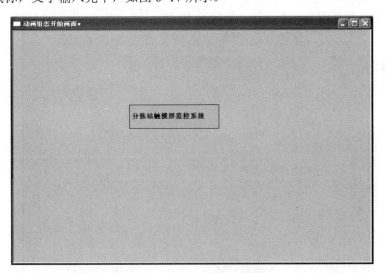

图 6-17 输入和编辑文字

3. 绘制开始画面

① 单击工具箱中的"标准按钮"按钮 ⌐，在画面中画出一定大小的按钮，调整其大小和位置。

② 双击该按钮，弹出"标准按钮构件属性设置"对话框，如图 6-18 所示。

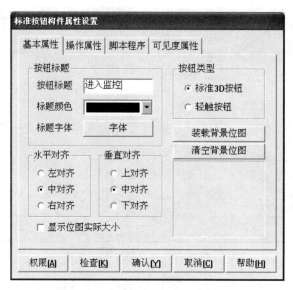

图 6-18 标准按钮构件属性设置窗口

③ 切换到"基本属性"选项卡进行设置。"按钮标题"文本框中输入"进入监控";水平对齐选择"中对齐";垂直对齐选择"中对齐";按钮类型选择"标准 3D 按钮"。

④ 单击"确认"按钮。

⑤ 对画好的按钮进行复制、粘贴,调整新按钮的位置。

依据上面的方法再组态一个按钮,如图 6-19 所示。

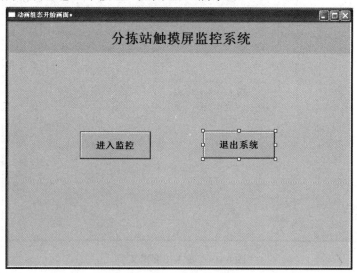

图 6-19 开始画面效果图

4. 绘制监控画面

(1)构建供料站的结构。进入监控画面的组态界面,单击"矩形"按钮 ▢,通过矩形框构建如图的供料结构画面,并填充一下颜色,使画面不那么单调,如图 6-20 所示。

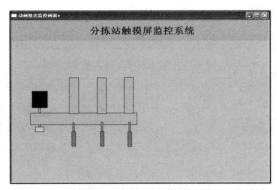

图 6-20　监控画面的效果图

（2）组态传感器的实时显示状态和状态指示灯。

① 单击绘图工具箱中的"插入元件"按钮，弹出"对象元件库管理"对话框。

② 选择对话框左侧"对象元件列表"中的"指示灯"选项，右侧列表框出现如图 6-21 所示的指示灯图形。

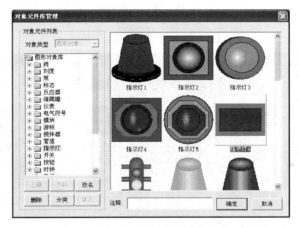

图 6-21　指示灯图形

③ 单击右侧列表框内的指示灯 6，图像外围出现矩形，表明该图形被选中，单击"确定"按钮。

④ 将指示灯调整为适当大小，放到适当位置。

⑤ 在指示灯上面输入文字标签相应传感器的名称，如图 6-22 所示.

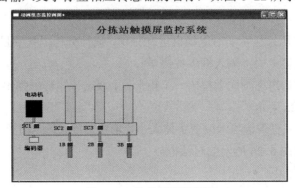

图 6-22　监控画面效果图

以同样的方法组态指示灯，如图 6-23 所示。

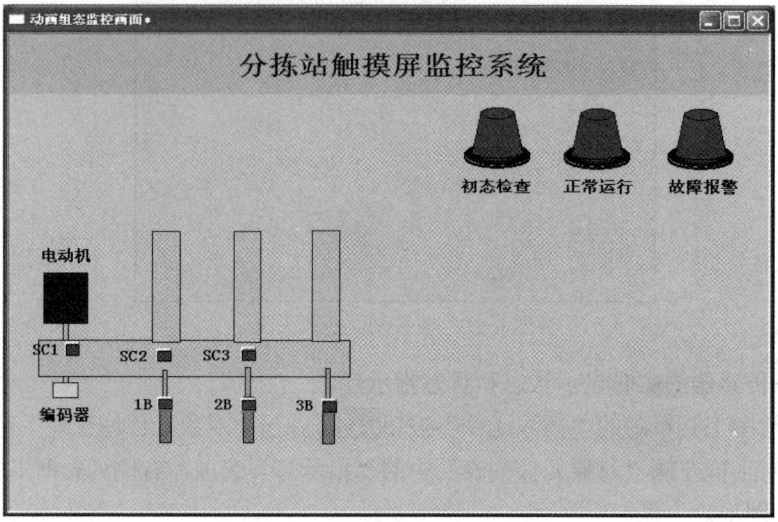

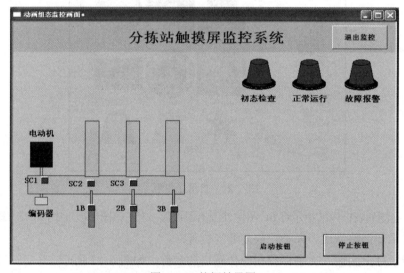

图 6-23　指示灯效果图

和开始画面一样的方式组态按钮，如图 6-24 所示。

图 6-24　按钮效果图

（3）组态输入框，用来显示实时电动机运行频率，累计分拣黑料数目和分拣的白料数目。

① 单击绘图工具箱中的"输入框"按钮 **abl**。

② 鼠标光标在右边组态画面上拉出一个矩形框，双击该矩形框弹出"输入框构件属性设置"对话框，如图 6-25 所示。

③ 切换到"基本属性"选项卡改变字体大小，形状，背景色，切换到操作属性选项卡中单击按钮 ?，弹出如图 6-26 所示的对话框。

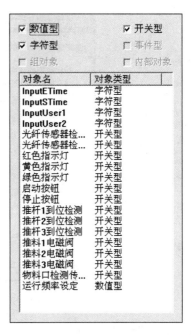

图 6-25　输入框属性设置窗口　　　　图 6-26　输入框操作属性数据对象选择

④ 选择"运行频率设定"并双击，再单击"输入框构件属性设置"里的"确认"按钮，如图 6-27 所示。

图 6-27　输入框构件属性设置

5. 按钮效果组态变量

（1）双击"进入监控"按钮，弹出"标准按钮构件属性设置"对话框，切换到"操作属性"选项卡，如图 6-28 所示。

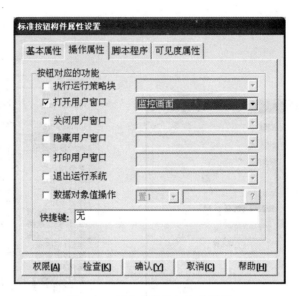

图 6-28　进入监控按钮构件设置

（2）选中"打开用户窗口"，单击第 1 个下拉列表框右侧的"▼"按钮，弹出按钮动作下拉列表，选择"监控画面"。在画面上单击"进入监控"按钮，就进入监控画面了，这样做到了切换画面。以同样操作在"监控画面"中组态"退出监控"按钮。

（3）双击"退出系统"按钮，弹出"标准按钮构件属性设置"对话框，切换到"操作属性"选项卡，如图 6-29 所示。

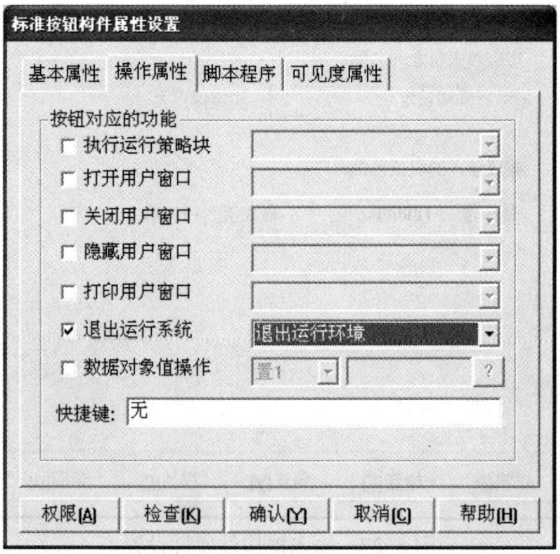

图 6-29　退出系统按钮构件设置

（4）选中"退出运行系统"，单击第 1 个下拉列表框右侧的"▼"按钮，弹出按钮动作下拉列表，选择"退出运行环境"。在画面上单击"退出系统"按钮，就退出触摸屏监控系统了。

（5）在监控画面中双击"启动按钮"，弹出标准按钮构件"属性设置"对话框，切换到"操作属性"选项卡，如图 6-30 所示。

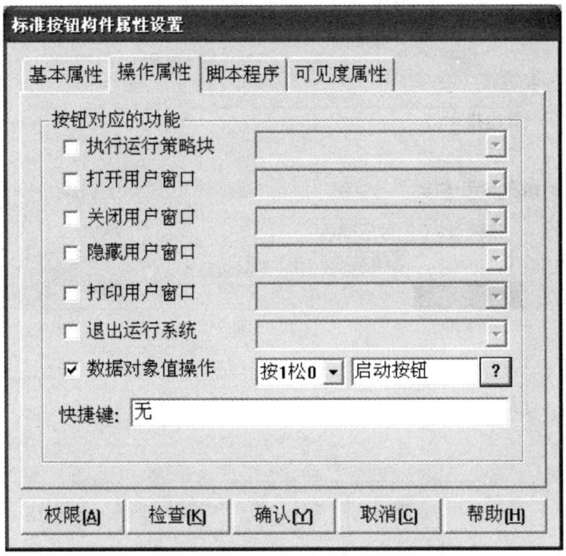

图 6-30 启动按钮构件设置

（6）选中"数据对象值操作"，单击第 1 个下拉列表框右侧的"▼"按钮，弹出按钮动作下拉列表，选择"按 1 松 0"。单击后面的按钮 ，在"变量选择"中选择"启动按钮"。

（7）双击"指示灯"图形，弹出"单元属性设置"对话框，切换到"数据对象"选项卡，如图 6-31 所示。

图 6-31 指示灯数据对象连接

单击填充颜色后面的 按钮，选择变量表中的"黄色指示灯"，然后单击"动画连接"选择按钮 ，改变变量"0"与"1"在触摸屏上显示的颜色，如图 6-32 所示。

单击"确认"按钮即完成指示灯的组态，其他指示灯的组态方法一样。

图 6-32　指示灯填充颜色设置

6. 报表的组态

（1）单击工具箱中的"历史表格"按钮▦，鼠标指针呈"十字"形，在窗口顶端中心位置拖动鼠标，根据需要画出一个大小为 4×4 的表格，如图 6-33 所示。

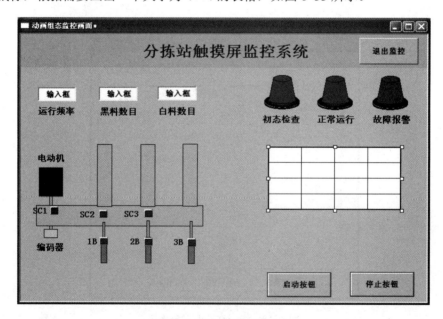

图 6-33　历史表格图

（2）组态表格的目的是统计黑料数目、白料数目以及对它们进行求和。双击表格，再右击鼠标，就本单元的控制要求，对表格修改，最终效果如图 6-34 所示。

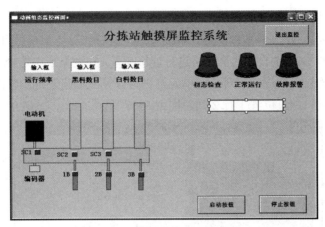

图 6-34　历史表格修改效果图

（3）对表格双击，再右击鼠标，在弹出的快捷菜单中选择"连接"命令，如图 6-35 所示。

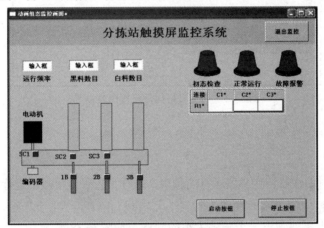

图 6-35　历史表格连接设置

（4）此时右击鼠标，弹出"单元连接属性设置"对话框，如图 6-36 所示。

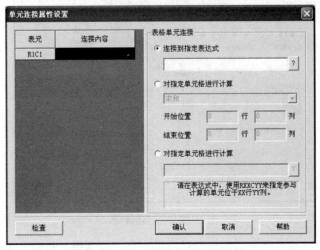

图 6-36　历史表格连接属性设置窗口

（5）R3C2 表示第 3 行第 2 列的单元格，此时是对 R1C1 的单元格进行"表格单元连接"，选中"连接到指定表达式"，单击按钮 ⁇ ，在变量表中选择"分拣黑料数目"，最后单击"确认"按钮。同样的方法，对 R1C2 的单元格进行连接变量，在变量表中选择"分拣白料数目"。对 R1C3 进行变量连接，要选中"对指定单元格进行计算"单选按钮，选择"求和"选项，开始位置为 1 行 1 列，结束位置 1 行 2 列，如图 6-37 所示。

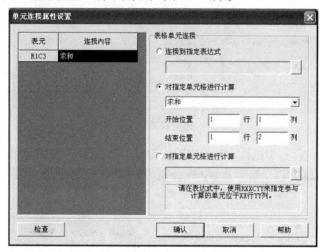

图 6-37　历史表格属性连接内容设置

这样就把报表组态完毕。

7. 曲线的组态

本单元通过实时曲线监控变频器运行的频率，这样很直观地反映了运行频率的变化趋势。

（1）单击工具箱中的"实时曲线"按钮 ⊡，鼠标指针呈"十字"形，在窗口顶端中心位置拖动鼠标，根据需要画出一个一定大小的网格，如图 6-38 所示。

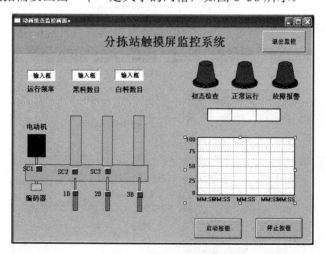

图 6-38　实时曲线图

（2）双击该网格，弹出"实时曲线构件属性设置"对话框，如图 6-39 所示。

图 6-39　实时曲线构件属性设置

（3）其他属性，根据自己的喜好，自行进行设置，本单元要在"画笔属性"选项卡中进行连接变量和选择曲线的颜色，设置好后单击"确认"按钮，如图 6-40 所示。

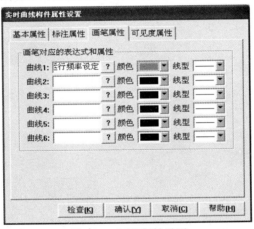

图 6-40　画笔属性设置

6.4　联机设备调试运行

（1）根据控制要求，编写 PLC 控制程序，程序不在这里详细解释，下面在 PLC 中进行调试。将西门子 S7-200PLC 上的开关拨至 RUN，按下"启动"后，观察 PLC 输出是否正确，如果运行不正确，退出程序监控，修改 PLC 程序，加电运行直至正确，退出该环境。

（2）把组态好的触摸屏项目通过专用数据线下载进触摸屏中。用 PPI 电缆把触摸屏和 S7-200PLC 连接起来，运行程序，观察 MCGS 监控画面中各个电磁阀、传感器指示灯动作是否正确。在触摸屏上改变变频器的频率，看变频器面板上运行的频率是否和触摸屏上相一致，报表和实时曲线是不是符合要求，如果不正确，查找原因并修正。

（3）退出 MCGS 运行环境，切断电源，完成调试工作。

小　结

　　本单元使用 MCGS 和西门子 S7-200PLC 组成的自动控制系统，实现了触摸屏的实时显示工作状态和对变频器模拟量控制。主要介绍了模拟量比例换算问题，变频器的简单调试，MCGS 触摸屏的画面切换、按钮、指示灯、报表和实时曲线的组态。

　　触摸屏是操作人员与 PLC 之间双向沟通的桥梁，触摸屏用来实现操作人员与 PLC 之间的对话和相互作用，通过触摸屏的组态使运行系统过程可视化，具有显示报警，记录归档功能。使系统运行状况实时显现给操作人员，从而能够及时对系统做出响应，确保系统安全稳定的运行。

实训 1　用 MCGS 组态软件实现机械手自动控制

一、实训目的

学习用通用版 MCGS 组态软件实现机械手监控系统的控制。

二、设备组成

（1）PC 一台。

（2）MCGS 组态软件。

三、工艺过程与控制要求

（1）按下启动/停止按钮后，机械手下移 5 s 至工件处→夹紧工件 2 s→携工件上升 5 s→右移 10 s 至下一个工位上方→下移 5 s 至指定位置→放下工件 2 s→上移 5 s→左移 10 s，回到原始位置，此过程反复循环执行。

（2）机械手运动过程中，松开启动/停止按钮，机械手停在当前位置，再次按下启动/停止按钮，机械手继续运行。

（3）机械手运动过程中，按下复位按钮后，机械手并不马上停止，也不主动复位，而是继续工作，直到完成本周期操作，回到原始位置，之后停止，不再循环。

（4）松开复位按钮，退出复位状态，之后再按启动/停止按钮机械手重新开始循环操作。

四、变量定义

根据控制要求，本系统至少有 8 个变量，如表 7-1 所示。

表 7-1　机械手监控系统变量分配表

变量名	类　型	注　　　释
启动停止按钮	开关型	机械手启停控制信号，输入=1 启动；输入=0 停止
复位按钮	开关型	机械手复位控制信号，输入=1 复位后停止；输入=0 无效
放松	开关型	机械手动作控制，输出 0 有效
夹紧	开关型	机械手动作控制，输出 0 有效
下移	开关型	机械手动作控制，输出 0 有效

续表

变量名	类　型	注　　　　释
上移	开关型	机械手动作控制，输出 0 有效
左移	开关型	机械手动作控制，输出 0 有效
右移	开关型	机械手动作控制，输出 0 有效

五、画面设计与制作

参考的监控画面设计如图 7-1 所示，画面中画出了机械手的简单示意图，并设计了 6 个指示灯，分别代表机械手的上移、下移、左移、右移、夹紧、放松等动作。运行时，指示灯应随动作变化做相应指示。画面中还设计了两个状态指示灯，代表启动停止按钮和复位按钮的状态。当按下机械手上的启动停止和复位按钮时，它们将进行相应的指示。

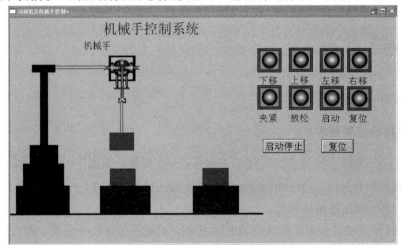

图 7-1　机械手控制系统画面

六、动画连接与调试

1. 按钮的开停及指示灯的变化的动画效果

（1）按钮的动画连接。双击"启动停止"按钮，弹出"标准按钮构件属性设置"对话框，切换到"操作属性"选项卡，选中"数据对象值操作"。单击第 1 个下拉列表右侧的"▼"按钮，弹出按钮动作下拉列表，选择"取反"命令。单击第 2 个下拉列表的"?"按钮，弹出当前用户定义的所有数据对象列表，双击"启动停止"。用同样的方法建立复位按钮与对应变量之间的动画连接。单击"保存"按钮。

（2）指示灯的动画连接。双击"启动指示灯"，弹出"单元属性设置"对话框。切换到"动画连接"选项卡，单击"三维圆球"，出现"?"和"▶"按钮。单击"▶"按钮，弹出"动画组态属性设置"窗口。切换到"属性设置"选项卡。切换到"可见度"选项卡，在"表达式"一栏，单击"?"按钮，弹出当前用户定义的所有数据对象列表，双击"启动停止"（也可在文本框中直接输入文字"启动"）。在"当表达式非零时"一栏，选择"对应图符可见"选项。

2. 机械手的动画效果

（1）垂直移动动画连接。在机械手监控画面中选中并双击上工件，弹出"动画组态属性设置"对话框。在"位置动画连接"一栏中选中"垂直移动"。切换到"垂直移动"选项卡，在"表达式"文本框中输入"垂直移动量"。在"垂直移动连接"栏设置各项参数：当垂直移动量为 0时，最小移动偏移动量为 0；当垂直移动量为 25 时，最大移动偏移量为 90。设置如图 7-2 所示。

图 7-2　垂直移动连接

（2）垂直缩放动画连接。选中并双击下滑杆，弹出"动画组态属性设置"对话框，切换到"大小变化"选项卡。变化方向选择"向下"。变化方式选择"缩放"。设置参数的意义：当垂直移动量为 0 时，长度为初值的 100%；当垂直移动量为 25 时，长度为初值的 210%，如图 7-3 所示。

图 7-3　垂直缩放连接

（3）水平移动动画连接。对右滑杆、机械手、上工件分别进行水平移动动画连接。设置参数的意义：当水平移动量为 0 时，最小移动偏移量为 0；当水平移动量为 50 时，最大移动偏移量为 240。设置如图 7-4 所示。

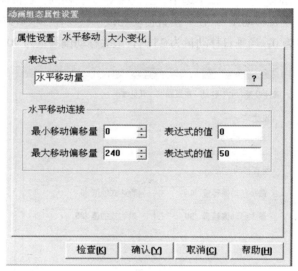

图 7-4　水平移动连接

（4）水平缩放动画连接。估计或画线计算左滑杆水平缩放比例。设定参数。设置各个参数，并注意变化方向和变化方式选择。当水平移动量为 0 时，最小变化百分比为 100；当水平移动量为 50 时，最大变化百分比为 350。设置如图 7-5 所示。

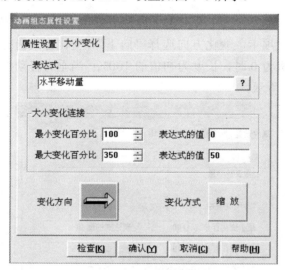

图 7-5　水平缩放连接

（5）工件移动动画的实现。选中下工件，弹出"动画组态属性设置"对话框，切换到"可见度"选项卡，在表达式文本框中输入：工件夹紧标志；当表达式非零时，选择：对应图符不可见。如图 7-6 所示。选中并双击上工件，将其可见度属性设置为与下工件相反，即当工件夹紧标志非零时，对应图符可见。存盘调试。

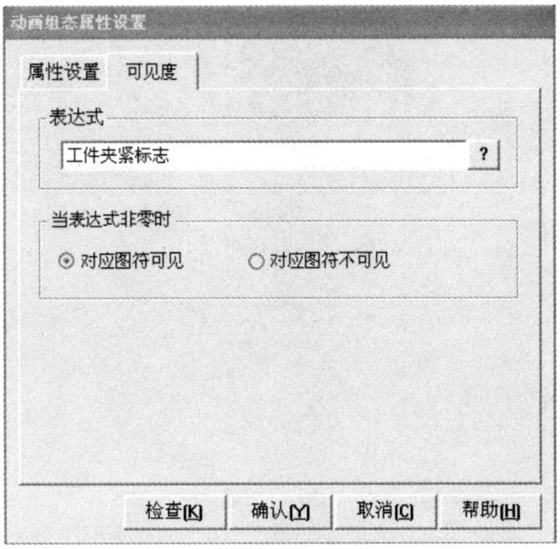

图 7-6　可见度设置

七、脚本程序的编写与调试

利用定时器和脚本程序实现机械手的定时控制，参考程序清单如下：

```
IF 下移=0  THEN 垂直移动量=垂直移动量+1
IF 上移=0  THEN 垂直移动量=垂直移动量-1
IF 右移=0  THEN 水平移动量=水平移动量+1
IF 左移=0  THEN 水平移动量=水平移动量-1
IF 启动=1  AND  复位=0 THEN
定时器复位=0
定时器启动=1
ENDIF
IF 启动=0  THEN 定时器启动=0
IF 复位=1  AND  计时时间>44    THEN
定时器启动=0
ENDIF
IF 定时器启动=1 THEN
IF 计时时间<5  THEN
下移=0
EXIT
ENDIF
IF 计时时间<=7 THEN
夹紧=0
下移=1
EXIT
ENDIF
IF 计时时间<=12 THEN
上移=0
工件夹紧标志=1
EXIT
ENDIF
IF 计时时间<=22 THEN
右移=0
上移=1
EXIT
```

```
ENDIF
IF 计时时间<=27 THEN
下移=0
右移=1
EXIT
ENDIF
IF 计时时间<=29 THEN
放松=0
下移=1
EXIT
ENDIF
IF 计时时间<=34 THEN
上移=0
放松=1
工件夹紧标志=0
EXIT
ENDIF
IF 计时时间<=44
THEN
左移=0
上移=1
EXIT
ENDIF
IF 计时时间>44  THEN
左移=1
定时器复位=1
垂直移动量=0
水平移动量=0
EXIT
ENDIF
ENDIF
IF 定时器启动=0
THEN
下移=1
上移=1
左移=1
右移=1
ENDIF
```

观察参考程序的不足，结合对象的实际情况，写出更好的属于自己的控制程序。

实训 2　用 MCGS 组态软件实现水位控制

一、实训目的

学习用通用版 MCGS 组态软件实现储液罐水位监控系统的控制。

二、设备组成

（1）PC 一台。

（2）MCGS 组态软件。

三、工艺过程与控制要求

（1）水位监测：能够实时检测罐 1、罐 2 中水位，并在计算机中进行动态显示。

（2）水位控制：将水罐 1 水位 H1 控制在 1～12 m，水罐 2 水位 H2 控制在 1～8 m。

（3）水位报警：当水位超出以上控制范围时报警。

（4）当 H2 低于 0.5 m 时采取必要保护措施。

（5）报表输出：生成水位参数的实时报表和历史报表，供显示和打印。

（6）曲线显示：生成水位参数的实时趋势曲线和历史趋势曲线。

四、变量定义

根据控制要求，本系统至少有 5 个变量，如表 7-2 所示。

表 7-2　水位监控系统变量分配表

变量名	类型	初值	注　　　释
H1	数值型	0	水罐 1 液位
H2	数值型	0	水罐 2 液位
水泵	开关型	0	输出信号，为 1 时接通
罐 2 进水阀	开关型	0	输出信号，为 1 时接通
罐 2 出水阀	开关型	0	输出信号，为 1 时接通

五、画面设计与制作

参考的监控画面设计如图 7-7 所示。

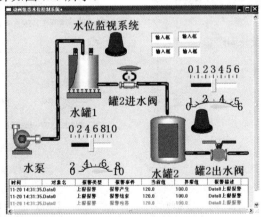

图 7-7　水位监控系统画面

六、动画连接与调试

（1）两个储液罐液面的动画效果：采用大小变化实现。罐 1 与变量 H1 之间的动画连接，注意设置参数，表达式文本框中输入 "H1"；最大变化百分比为 100 时，对应表达式的值为

"12",如图 7-8 所示。罐 2 与变量"H2"之间的动画连接,注意设置参数,表达式文本框中输入"H2";最大变化百分比为 100 时,对应表达式的值为"8"。

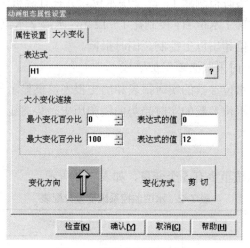

图 7-8　液位大小变化连接

（2）水泵、阀门的通断效果：双击"水泵",弹出"单元属性设置"对话框。切换到"数据对象"选项卡,将"按钮输入"和"填充颜色"分别连接到数据对象"水泵",如图 7-9所示。阀门与之类似。

（3）流动块的流动效果：双击水泵和罐 1 之间的流动块,弹出"流动块构件属性设置"对话框,切换到"流动属性"选项卡,表达式连接到数据对象"水泵"。不要做可见度连接,如图 7-10 所示。罐 1 和罐 2 之间的流动块以及双击罐 2 和出水阀之间的流动块设置类似,区别在于表达式分别为"罐 2 进水阀"和"罐 2 出水阀"。

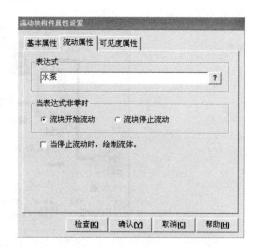

图 7-9　水泵动画连接　　　　　　　图 7-10　流动块动画连接

七、脚本程序的编写与调试

（1）进入运行策略窗口。

（2）选中循环策略并右击，在弹出的快捷菜单中进行属性设置，设置循环策略执行时间是 200 ms。

（3）双击"循环策略"，进行循环策略组态。

（4）单击"新增策略行"按钮，增加一条策略。

（5）在策略工具箱选择"脚本程序"选项，添加到策略行。

（6）双击"脚本程序"方框，输入如下液位模拟程序：

```
IF  水泵 = 1 THEN  H1=H1+0.1
IF  罐2进水阀 = 1  THEN
H1=H1-0.05
H2=H2+0.07
ENDIF
IF  罐2出水阀 = 1 THEN H2=H2-0.03
```

进入运行环境，在画面中操作水泵、罐 2 进水阀和罐 2 出水阀，观察水位随操作变化的效果。

观察参考程序的不足，结合对象的实际情况，写出更好的属于自己的控制程序。

实训 3 用 MCGS 组态软件实现货车装卸料控制

一、实训目的

学习用通用版 MCGS 组态软件实现货车装卸料监控系统的控制。

二、设备组成

（1）PC 一台。

（2）MCGS 组态软件。

三、工艺过程与控制要求

（1）货车初始位置默认停在左边装料处。按下启动按钮后，先装料 3 s 后，货车向右运动，当碰到右边行程开关后，货车停下卸料，3 s 后卸料结束，货车向左运动，当碰到左边行程开关后，货车停下继续装料，如此循环 3 次后自动停止。

（2）当按下复位按钮后，货车回到初始位置。

四、变量定义

根据控制要求，本系统所需要的变量如表 7-3 所示。

表 7-3 货车装卸料控制系统变量分配表

变量名	类型	初值	注　　　　　释
启动	开关型	0	启动=1 时运行，启动=0 时停止
复位	开关型	0	复位=1 时复位
a	数值型	0	装料时间
b	数值型	0	卸料时间
装料	开关型	0	装料=1 时装料，装料=0 时停止装料

续表

变量名	类型	初值	注　释
卸料	开关型	0	卸料=1 时卸料，卸料=0 时停止卸料
左行程开关	开关型	0	当货车在左边装料位置时，左行程开关=1
右行程开关	开关型	0	当货车在右边卸料位置时，右行程开关=1
左行	开关型	0	当左行=1 时，货车向左运动
右行	开关型	0	当右行=1 时，货车向右运动

五、画面设计与制作

参考的货车装卸料监控系统画面设计如图 7-11 所示。

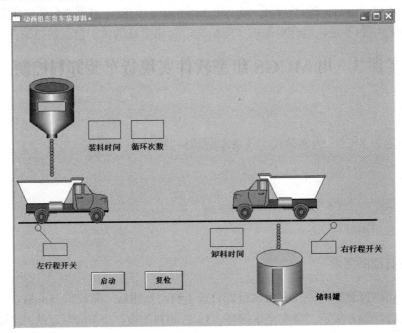

图 7-11　货车装卸料系统画面

六、动画连接与调试

1. 行程开关变化的动画效果

以左行程开关为例，双击"左行程开关"，弹出"动画组态属性设置"对话框。在"输入输出连接"一栏中选中"按钮动作"选项，并在"特殊动画连接"一栏中选中"闪烁效果"选项。切换到"按钮动作"选项卡，选中"数据对象值操作"选项，并设置为取反、左行程开关。切换到"闪烁效果"选项卡，单击表达式一栏右端按钮 ![?]，选中"左行程开关"选项，其他为默认选项，如图 7-12 所示。右行程开关的设置与此类似。

2. 货车运动的动画效果

双击"货车"，弹出"单元属性设置"对话框，选中"数据对象"选项卡中的"水平移动"

选项，右端出现按钮 ?，单击按钮 ?，双击数据对象列表中的"货车"。使用同样的方法将"可见度"对应的数据对象设置为"YV1"。单击"动画连接"标签，进入该选项卡，在"图元名"列，选中 "组合图符"，右端出现 ? 和 > 按钮。单击 > 按钮，弹出"动画组态属性设置"对话框。在"位置动画连接"一栏中选中"水平移动"选项。切换到"水平移动"选项卡，"表达式"文本框中输入"货车"，参数设置如图 7-13 所示。

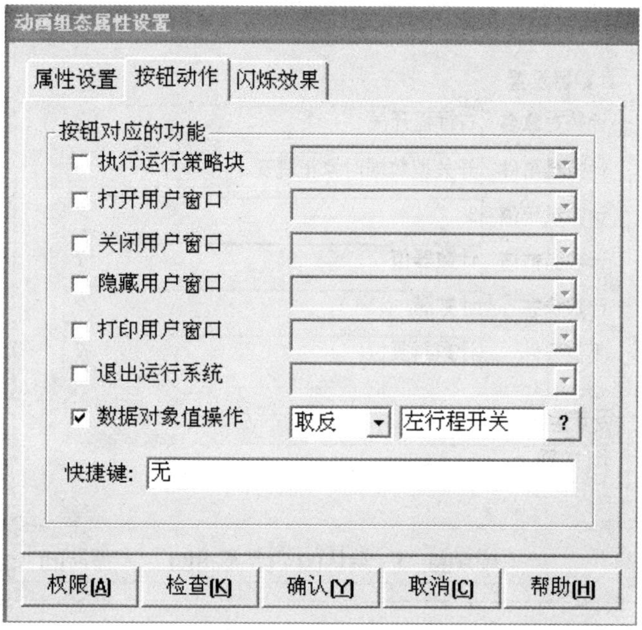

图 7-12　行程开关动画连接

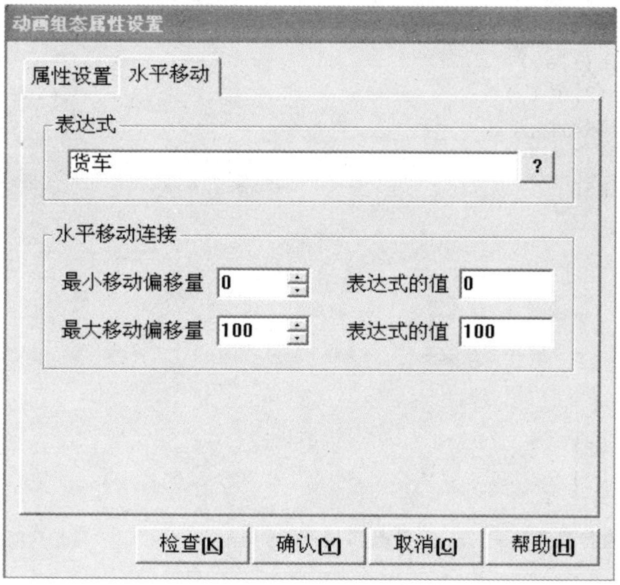

图 7-13　货车动画连接

七、脚本程序的编写与调试

由控制要求可以知道，控制过程需要用到计数器，循环 3 次后自动停止。计数器的设置如图 7-14 所示。

图 7-14　设置计数器

参考脚本程序如下所示：

```
!TimerSetLimit(1,3,1 )
!TimerSetOutput(1,a )
!TimerSetLimit(2,3,1 )
!TimerSetOutput(2,b )
ID=ID+1
if ID>3 then ID=0
if 复位=1 then
货车=0
装料=0
卸料=0
货车=0
货车1=0
计数器复位=1
!TimerReset(1,0 )
!TimerReset(2,0 )
endif
if 启动=1 and 左行程开关=1 and 计数器值<3 then
装料=1
左行=0
右行=1
```

```
货车 1=456
货车=0
!TimerRun(1)
!TimerReset(2,0 )
endif
if 启动=1 and 左行程开关=1 and 计数器值=3 then
装料=0
左行=0
右行=1
货车 1=456
货车=0
endif
if a=3 and 启动=1 and 右行=1 then
装料=0
货车=货车+4
endif
if  右行程开关=1 and 启动=1 and 计数器值<3 then
货车=458
右行=0
左行=1
货车 1=0
!TimerReset(1,0 )
endif
if 货车=458  and 右行程开关=1 and 左行=1 and 计数器值<3 then
卸料=1
!TimerRun(2)
endif
if 卸料=1 and 料位 <=料位上限  then 料位=料位+0.2
if b=3 and 启动=1  and 计数器值<3 then
卸料=0
货车 1=货车 1+4
endif
```

观察参考程序的不足，结合对象的实际情况，写出更好的属于自己的控制程序。

实训 4　用 MCGS 组态软件实现三层电梯控制

一、实训目的

学习用通用版 MCGS 组态软件实现三层电梯监控系统的控制。

二、设备组成

（1）PC 一台。

（2）MCGS 组态软件。

三、工艺过程与控制要求

（1）初始状态时假设电梯处于第一层待命。当乘客进入电梯按下其想去的楼层按钮后，该楼层对应的数字保持长亮，当电梯到达对应的楼层时电梯门自动打开，经过一段时间后，门自动关闭。

（2）由于电梯只有三层，所以当每个楼层都有乘客按按钮时电梯先按照当前的状态上升或下降，当该动作结束后再执行与其相反的动作。

（3）当电梯执行完上升或下降的任务后，电梯将停留在该层，直到有新的指令发出后电梯再次进入运行状态。

（4）当按动某个呼叫按钮时相应的按钮保持长亮，直到该动作结束后，该按钮熄灭。

四、变量定义

根据控制要求，本系统所需要的变量，如表 7-4 所示。

表 7-4　三层电梯监控系统变量分配表

变量名	类型	初值	注　　释
一层内选按钮	开关型	0	一层内选按钮
一层内选指示	开关型	0	一层内选指示
一层上呼按钮	开关型	0	一层上呼按钮
一层上呼指示	开关型	0	一层上呼指示
一层门	数值型	0	一层门位置
一层门关标志	开关型	0	一层门关到位时，一层门关标志=1
一层指示	开关型	0	一层指示
二层内选按钮	开关型	0	二层内选按钮
二层内选指示	开关型	0	二层内选指示
二层上呼按钮	开关型	0	二层上呼按钮
二层上呼指示	开关型	0	二层上呼指示
二层下呼按钮	开关型	0	二层下呼按钮
二层下呼指示	开关型	0	二层下呼指示
二层门	数值型	0	二层门位置
二层指示	开关型	0	二层指示
二层门关标志	开关型	0	二层门关到位时，二层门关标志=1
三层内选按钮	开关型	0	三层内选按钮
三层内选指示	开关型	0	三层内选指示
三层下呼按钮	开关型	0	三层下呼按钮
三层下呼指示	开关型	0	三层下呼指示
三层门	数值型	0	三层门位置
三层门关标志	开关型	0	三层门关到位时，三层门关标志=1
三层指示	开关型	0	三层指示

五、画面设计与制作

参考的三层电梯监控画面设计如图 7-15 所示。

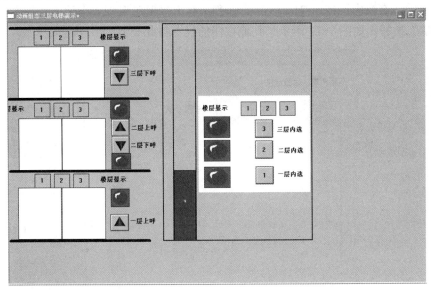

图 7-15　三层电梯监控系统画面

六、动画连接与调试

1. 指示灯变化的动画效果

以一层内选指示灯为例，双击"一层内选指示灯"，弹出"单元属性设置"对话框。选中"数据对象"选项卡中的"可见度"选项，右端出现按钮 ? ，单击按钮 ? ，双击数据对象列表中的"一层内选指示"，单击"确认"按钮，如图 7-16 所示。其他指示灯的设置与此类似。

图 7-16　一层内选指示灯动画连接

2. 按钮的动画效果

双击"一层上呼按钮",弹出"单元属性设置"对话框。选中"数据对象"选项卡中的"按钮输入"选项,右端出现按钮 **?** ,单击按钮 **?** ,双击数据对象列表中的"一层上呼按钮",单击"确认"按钮,如图7-17所示。其他按钮的设置与此类似。

图7-17　一层上呼按钮动画连接

3. 电梯门的动画效果

双击"一层电梯门",弹出"动画组态属性设置"对话框,在"位置动画连接"一栏中选中"大小变化"选项。切换到"大小变化"选项卡,"表达式"文本框中输入"一层门",参数设置,如图7-18所示。

图7-18　一层电梯门动画连接

七、脚本程序的编写与调试

参考脚本程序如下所示：

if 一层门关标志=1 and 一层指示=1 and 一层门>0 then 一层门=一层门-2

if （一层上呼指示=1 or 一层内选指示=1 or 二层内选指示=1 or 三层内选指示=1 or 二层上呼指示= 1 or 三层下呼指示=1） and 一层指示=1 and 一层门关标志=0 and 一层门<140 and move=0 then 一层门=一层门+2

if 一层门=140 then

一层门关标志=1

一层上呼指示=0

endif

if 一层门=0 then 一层门关标志=0

if （三层内选指示=1 or 一层内选指示=1 or 三层下呼指示=1 or 一层上呼指示=1） and 二层门关标志=1 and 二层指示=1 and 二层门>0 then 二层门=二层门-2

if 二层指示=1 and 二层门<140 and 二层门关标志=0 and move=-80 then 二层门=二层门+2

if 二层门=140 then

二层门关标志=1

二层下呼指示=0

二层上呼指示=0

endif

if 二层门=0 then 二层门关标志=0

if 三层门=140 then

三层门关标志=1

三层下呼指示=0

endif

if 三层门=0 then 三层门关标志=0

if （二层内选指示=1 or 一层内选指示=1 or 三层下呼指示=1 or 二层下呼指示=1 or 二层上呼指示=1 or 一层上呼指示=1） and 三层门关标志=1 and 三层指示=1 and 三层门>0 then

三层门=三层门-2

endif

if 二层内选按钮=1 and 一层指示=1 then 二层内选指示=1

if 三层内选按钮=1 and 一层指示=1 then 三层内选指示=1

if 二层下呼按钮=1 and （一层指示=1 or 二层指示=1） then 二层下呼指示=1

if 二层上呼按钮=1 and （一层指示=1 or 二层指示=1 or 三层指示=1） then 二层上呼指示=1

if 三层下呼按钮=1 and 一层指示=1 then 三层下呼指示=1

if 三层内选按钮=1 and 二层指示=1 then 三层内选指示=1

if 三层下呼按钮=1 and （二层指示=1 or 三层指示=1） then 三层下呼指示=1

if 二层内选按钮=1 and 三层指示=1 then 二层内选指示=1

if 一层内选按钮=1 and 三层指示=1 then 一层内选指示=1

if 二层下呼按钮=1 and 三层指示=1 then 二层下呼指示=1

if 一层上呼按钮=1 and 三层指示=1 then 一层上呼指示=1

if 一层内选按钮=1 and （二层指示=1 or 一层指示=1 ）then 一层内选指示=1

if 一层上呼按钮=1 and （二层指示=1 or 一层指示=1） then 一层上呼指示=1

if move=0 then

一层指示=1

二层指示=0

三层指示=0

```
endif
if move=-80 then
二层指示=1
一层指示=0
三层指示=0
endif
if move=-160 then
二层指示=0
一层指示=0
三层指示=1
endif
if move=0 and 一层门=140 then
一层内选指示=0
endif
if move=-80 then
二层内选指示=0
二层上呼指示=0
二层下呼指示=0
endif
if move=-160  then 三层内选指示=0
```

观察参考程序的不足，结合对象的实际情况，写出更好的属于自己的控制程序。

实训 5 　用 MCGS 组态软件实现多级传送带控制

一、实训目的

学习用通用版 MCGS 组态软件实现多级传送带监控系统的控制。

二、设备组成

（1）PC 一台。
（2）MCGS 组态软件。

三、工艺过程与控制要求

（1）开关打到自动状态时，按下启动按钮，传送带 1 至传送带 4 依次顺序延时启动。按下停止按钮，传送带 4 至传送带 1 依次逆序延时停止。

（2）开关打到手动状态时，先按下传送带 1 的启动按钮 1，传送带 1 起动，然后依次按下传送带 2、3、4 的启动按钮，传送带 2、3、4 顺序启动。停止则逆序停止，先按下传送带 4 的停止按钮 4，传送带 4 停止，然后依次按下传送带 3、2、1 的停止按钮，传送带 3、2、1 逆序停止。

四、变量定义

根据控制要求，本系统所需要的变量如表 7-5 所示。

表 7-5　多级传送带监控系统变量分配表

变量名	类型	初值	注　　　释
启动	开关型	0	自动状态时启动按钮
停止	开关型	0	自动状态时停止按钮
启动 1	开关型	0	手动状态时传送带 1 启动按钮
启动 2	开关型	0	手动状态时传送带 2 启动按钮
启动 3	开关型	0	手动状态时传送带 3 启动按钮
启动 4	开关型	0	手动状态时传送带 4 启动按钮
停止 1	开关型	0	手动状态时传送带 1 停止按钮
停止 2	开关型	0	手动状态时传送带 2 停止按钮
停止 3	开关型	0	手动状态时传送带 3 停止按钮
停止 4	开关型	0	手动状态时传送带 4 停止按钮
电动机 1	开关型	0	驱动传送带 1 的电动机 1
电动机 2	开关型	0	驱动传送带 2 的电动机 2
电动机 3	开关型	0	驱动传送带 3 的电动机 3
电动机 4	开关型	0	驱动传送带 4 的电动机 4
a	数值型	0	存放延时启动定时器的当前值
b	数值型	0	存放延时停止定时器的当前值

五、画面设计与制作

参考的多级传送带监控系统画面设计如图 7-19 所示。

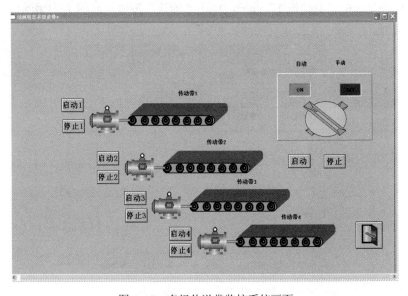

图 7-19　多级传送带监控系统画面

六、动画连接与调试

1. 控制方式选择开关的动画效果

双击"控制方式选择开关",弹出"单元属性设置"对话框。选中"数据对象"选项卡中的"按钮输入"选项,右端出现按钮 **?** ,单击按钮 **?** ,双击数据对象列表中的"自动"选项,同样"可见度"选项卡中也是选中"自动"选项,单击"确认"按钮,如图 7-20 所示。

图 7-20 控制方式选择开关动画连接

2. 电动机的动画效果

双击"电动机 1",弹出"单元属性设置"对话框。选中"数据对象"选项卡中的"填充颜色",右端出现按钮 **?** ,单击按钮 **?** ,双击数据对象列表中的"电动机 1"选项,同样"按钮输入"一栏也是选中"电动机 1"选项,单击"确认"按钮,如图 7-21 所示。其他电动机的设置与此类似。

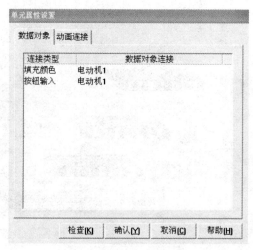

图 7-21 电动机 1 动画连接

七、脚本程序的编写与调试

参考脚本程序如下所示：

1. 自动方式时的脚本程序

```
!TimerSetLimit(2,10,1 )
!TimerSetOutput(2,a )
!TimerSetLimit(3,10,1 )
!TimerSetOutput(3,b )
IF 停止=1  AND 启动=0 THEN
!TimerRun(3)
!TimerReset(2,0 )
!TimerStop(2)
ENDIF
IF 启动=1 AND 停止=0 THEN
电动机 1=1
!TimerRun(2)
!TimerReset(3,0 )
!TimerStop(3)
ENDIF
IF a>=3  THEN 电动机 2=1
IF a>=6  THEN 电动机 3=1
IF a>=9  THEN 电动机 4=1
IF b>=1  THEN 电动机 4=0
IF b>=3  THEN 电动机 3=0
IF b>=6  THEN 电动机 2=0
IF b>=9  THEN
电动机 1=0
!TimerReset(3,0 )
!TimerStop(3)
ENDIF
```

2. 手动方式时的脚本程序

```
IF 启动 1=1 THEN 电动机 1=1
IF 电动机 1=1  AND 启动 2=1 THEN 电动机 2=1
IF 电动机 2=1  AND 启动 3=1 THEN 电动机 3=1
IF 电动机 3=1  AND 启动 4=1 THEN 电动机 4=1
IF 停止 4=1 THEN 电动机 4=0
IF 电动机 4=0  AND 停止 3=1 THEN 电动机 3=0
IF 电动机 3=0  AND 停止 2=1 THEN 电动机 2=0
IF 电动机 2=0  AND 停止 1=1 THEN 电动机 1=0
```

观察参考程序的不足，结合对象的实际情况，写出更好的属于自己的控制程序。

参 考 文 献

[1] 北京昆仑通态自动化软件科技有限公司.MCGS 工控组态软件用户指南.

[2] 北京昆仑通态自动化软件科技有限公司.MCGS 工控组态软件参考手册.

[3] 吕景泉.自动化生产线安装与调试[M]．2 版.北京：中国铁道出版社，2009.

[4] 袁秀英，石梅香．计算机监控系统的设计与调试—组态控制技术[M]．2 版．北京：电子工业出版社，2010.

[5] 李红萍.工控组态技术及应用[M]．西安：西安电子科技大学出版社，2011.